地球存在的基础

宇宙环境

YUZHOU HUANJING

鲍新华　张　戈　李方正◎编写

美好未来
丛书SERIES BOOKS

吉林出版集团股份有限公司
全国百佳图书出版单位

图书在版编目（CIP）数据

地球存在的基础——宇宙环境 / 鲍新华，张戈，李方正
编写 . -- 长春 ：吉林出版集团股份有限公司，2013.6（2023.5重印）
（美好未来丛书）
ISBN 978-7-5534-1953-4

Ⅰ．①地… Ⅱ．①鲍… ②张… ③李… Ⅲ．①宇宙环
境影响-青年读物②宇宙环境影响-少年读物 Ⅳ.①X820.3-49

中国版本图书馆CIP数据核字(2013)第123429号

地球存在的基础——宇宙环境
DIQIU CUNZAI DE JICHU YUZHOU HUANJING

编　写　鲍新华　张　戈　李方正
责任编辑　息　望
封面设计　隋　超
开　本　710mm×1000mm　　1/16
字　数　105千
印　张　8
版　次　2013年 8月　第1版
印　次　2023年 5月　第5次印刷

出　版　吉林出版集团股份有限公司
发　行　吉林出版集团股份有限公司
地　址　长春市福祉大路5788号
　　　　邮编：130000
电　话　0431-81629968
邮　箱　11915286@qq.com
印　刷　三河市金兆印刷装订有限公司

书　号　ISBN 978-7-5534-1953-4
定　价　39.80元

前　言

环境是指围绕着某一事物（通常称其为主体）并对该事物产生某些影响的所有外界事物（通常称其为客体）。它既包括空气、土地、水、动物、植物等物质因素，也包括观念、行为准则、制度等非物质因素；既包括自然因素，也包括社会因素；既包括生命体形式，也包括非生命体形式。

地球环境便是包括人类生活和生物栖息繁衍的所有区域，它不仅为地球上的生命提供发展所需的资源与空间，还承受着人类肆意的改造与冲击。

环境中的各种自然资源（如矿产、森林、淡水等）不仅构成了赏心悦目的自然风景，而且是人类赖以生存、不可缺少的重要部分。空气、水、土壤并称为地球环境的三大生命要素，它们既是自然资源的基本组成，也是生命得以延续的基础。然而，随着科学技术及工业的飞速发展，人类向周围环境索取得越来越多，对环境产生的影响也越来越严重。人类对各种资源的大量掠夺和各种污染物的任意排放，无疑都对环境产生了众多不可逆的伤害。

人类活动对整个环境的影响是综合性的，而环境系统也从各个方面反作用于人类，其效应也是综合性的。正如恩格斯所说："我们不要过分陶醉于我们对自然界的胜利。对于每一次这样的胜利，自然界都报复了我们。"于是，各种环境问题相继产生。全球变暖导致的海平面上升，直接威胁着沿海的国家和地区；臭氧层的空洞，使皮肤病等疾病的发病率大大提高；对石油无节制的需求，在使环境质量受到严重考验的同时，不禁令我们担心子孙后辈是否还有能源可用；过度的捕鱼已超过了海洋的天然补给能力，很多鱼类的数量正在锐减，甚至到了灭绝的边缘，而其他动植物也正面临着同样的命运；越来越多的核废料在处理上遇到困难，由于其本身就具有可能泄漏的危险，所以无论将其运到哪里，都不可避免地给环境造成污染。厄尔尼诺现象的出现、土地荒漠化和盐渍化、大片森林绿地的消失、大量物种的灭绝等现象无一不警示人们，地球环境已经处于一种亚健康的状态。

放眼世界，自20世纪六七十年代以来，环境保护这个重大的社会问题已引起国际社会的广泛关注。1972年6月，来自113个国家的政府代表和民间人士，参加了联合国在斯德哥尔摩召开的人类环境会议，对世界环境及全球环境的保护策略等问题进行了研讨。同年10月，第27届联合国大会通过决议，将6月5日定为"世界环境日"。就中国而言，环境问题是中国人民21世纪面临的最严峻的挑战之一，保护环境势在必行。

本套书籍从大气环境、水环境、海洋环境、地球环境、地质环境、生态环境、生物环境、聚落环境及宇宙环境等方面，在分别介绍各环境的组成、特性以及特殊现象的同时，阐述其存在的环境问题，并针对个别问题提出解决策略与方案，意在揭示人与环境之间的密切关系，人与环境之间互动的连锁反应，警醒人类重视环境问题，呼吁人们保护我们赖以生存的环境，共创美好未来。

目 录

MU LU

01 宇宙

宇宙是什么？成书于中国战国时代的《墨经》上说："宇，蒙东西南北"，"宙，合古今旦莫（暮）"。这就是说，宇是指空间，包括四面八方的一切空间；宙是指时间，包括过去、现在的所有时间。宇宙即空间和时间的统一。战国时代商鞅的老师尸佼也持这种观点，他在《尸子》一书中说："四方上下曰宇，往古来今曰宙。"

地球是宇宙中一颗小小的星球，是太阳系中的一颗中等行星。在这个家族中有一个恒星，就是太阳；还有八大行星，即水星、金星、地球、火星、木星、土星、天王星、海王星。太阳系又是银河系边缘

▲ 太阳

的一个星团，在银河系里像太阳般的恒星有1400亿颗。然而银河系在无边无际的宇宙空间中，也只是其中的一小部分，目前观测所及的河外星系有10亿个之多。可见，宇宙是一座五彩缤纷的星城。

在太阳系中，地球沿着它固有的轨道运动着，围绕太阳转动一圈，就是春夏秋冬四季，时间为一年；在公转的同时，它又绕着地轴自转，让人们看到日月星辰东升西落，白昼与黑夜相间。人类在这种有规律的自然环境中，有秩序地生活、生产和学习。

❶ 地球

地球是太阳系从内到外的第三颗行星，也是太阳系中直径、质量和密度最大的类地行星。地球是一个蓝色星球，有大气层和磁场，表面的71%被水覆盖，其余部分是陆地。地球已有46亿岁，它是人类目前所知宇宙中唯一存在生命的天体。

❷ 恒星

恒星是由炽热气体组成的能自己发光的球状或类球状天体。我们所处的太阳系的主星太阳就是一颗恒星。恒星一生的大部分时间，都因为核心的核聚变而发光。核聚变所释放出的能量，从内部传输到表面，然后辐射至外太空。

❸ 太阳

太阳是太阳系的中心天体，是距离地球最近的恒星。太阳的直径大约是139.202万千米，相当于地球直径的109倍。在茫茫宇宙中，太阳只是一颗非常普通的恒星，只是因为它离地球较近，所以看上去像是天空中最大最亮的天体。

02 无边无际的宇宙

宇宙大得无边无际，不可想象。

从天上星斗的相互距离就可以看出宇宙之大。牛郎星、织女星我们一抬头就能看到，是离地球较近的恒星。地球距牛郎星16光年，距织女星27光年，牛郎星和织女星相距16光年。但这些数字对宇宙来说，却是微不足道的。

从天体之大也可看出宇宙之大。地球的赤道直径为12 742千米，在太阳系中它只是一颗中等大小的行星。此外，在太阳系中还有8颗行星，而太阳系的范围，以天王星为边界，直径至少在591.1亿千米以上。

银河系是由1400亿颗（太阳只是其中之一）恒星构成的星系。银河系像一个铁饼，天文学上叫作"银盘"，银盘的直径约10万光年，中心厚、边缘薄，中心厚度约1.2万光年。银盘的中央平面叫作"银道面"。太阳处于银道面的边缘，距离银盘中心大约3.3万光年，距离银道面却不到30光年。

① 牛郎星

牛郎星是天鹰座中最明亮的恒星，在北半球的夜空中用肉眼能清楚地看到。其呈银白色，距地球16.7光年，直径为太阳直径的1.6倍，表面温度在7000℃左右，自转一周为7小时。

② 行星

行星通常指自身不发光、环绕着恒星的天体，其公转方向常与所绕恒星的自转方向相同。它们的位置在天空中不固定，就好像在星空中行走一般。一般来说，行星的质量必须足够大，才能克服固体应力以达到流体静力平衡的形状（近于球体）。

③ 光年

光年不是时间单位，而是一种长度单位，指的是光在真空中行走一儒略年的距离，它是由时间和速度计算出来的。宇宙间的距离非常大，所以只能以光年来计量，一光年大约为9.46×10^{12}千米。

▲ 银河系

03 宇宙星系

如此庞大的银河系，在整个苍穹中占的位置也是微不足道的，只能算"沧海之一粟"。人们就当前的科学水平探测到，宇宙中还有类似这样庞大的星系达1000亿个左右，统称为"河外星系"。其中比银河星系还大的有300亿个。在这1000亿个河外星系中，每个星系又包含几亿至几千亿颗类似太阳的恒星。这真可谓天外有天，银河系之外还有河外星系，苍穹上下左右，无人知道它有多大。

河外星系本身也在运动，它们的结构和外观也是多种多样的。1926年，科学家哈勃将河外星系按形态分为三类，即椭圆星系、旋涡星系、不规则星系。现在，从星系的形状上看，星系大体可分为不规则形、椭圆形、旋涡形、棒旋形等。

杰出的德国科学家 X射线的发现者

威尔姆·康拉德·伦琴

WILHELM CONRAD ROENTGEN

1845 - 1923

▲ 伦琴塑像

近些年来，人们还发现了一些特殊的星系，它们能发出强烈的无线电波、红外光或X射线。

目前，已知星系团就有1万多个。随着科学技术的发展，人们用各种手段通过对星系质量、形态、结构、运动、空间分布、内部恒星和气体的成分等方面的观察，对恒星和最为遥远的宇宙进行深入研究，拓展人类认识宇宙的视野，这是当代天文学中最为活跃的领域。

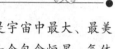

① 星系

星系是宇宙中庞大的星星的"岛屿"，它也是宇宙中最大、最美丽的天体系统之一。参考我们的银河系，星系是一个包含恒星、气体的星际物质、宇宙尘和暗物质，并且受到重力束缚的大质量系统。

② X射线

X射线是波长介于紫外线和γ射线间的电磁辐射，由德国物理学家伦琴于1895年发现，故又称伦琴射线。X射线的特征是波长非常短，频率很高，具有很高的穿透本领，能透过许多对可见光不透明的物质。

③ 无线电

无线电是指在自由空间（包括空气和真空）传播的电磁波。无线电最早应用于航海中，人们使用摩尔斯电报在船与陆地间传递信息。现在，无线电有着多种应用形式，包括无线数据网、各种移动通信以及无线电广播等。

04 空间环境

空间环境即宇宙环境，是人类活动进入大气圈层以外的空间和地球附近的天体过程中提出来的新概念。宇宙是无限的，现在人类只能观察到100多亿光年的空间范围，只能触及太阳系内的一些星体。随着空间科学的发展，人在宇宙空间的活动范围将不断扩大，对宇宙环境的认识也将不断发展。

宇宙环境由广漠的空间和存在其中的各种天体以及弥漫物质组成，与人类生活的地球环境差异很大。地球周围笼罩着密集的大气，而星际空间则几乎是真空的。月球表面没有大气；水星只有极稀薄的大气；金星、木星有浓密的大气，但都缺氧而富含二氧化碳、氢、氦、甲烷和氨等。金星的大气压约为地球的90倍，而水星的大气压约低于地球12个数量级。太阳表面的温度约为6000℃。月球白昼温度为127℃，夜晚为-183℃；水星白昼高达427℃，夜间为-173℃，温差都很大。金星表面浓密的二氧化碳层造成温室效应，使金星表面温度为465～485℃。内行星（水星、金星）表面存在少量的气态水，外行星（火星、木星、土星等）表面存在着大量固态水；月球没有任何形态的水。到目前为止，在太阳系内除地球以外，没有发现任何星球上有生物存在。

▲ 空间星云

① 水星

水星是太阳系中的类地行星，也是岩态行星，其主要由石质和铁质构成，密度较高，没有自然卫星。它是太阳系八大行星中最小的行星，也是离太阳最近的行星，还是太阳系中运动最快的行星。

② 二氧化碳

二氧化碳是空气中常见的化合物，约占空气总体积的0.039%，其常温状态下是一种无色、无味的气体，密度比空气略大，能溶于水形成一种弱酸——碳酸。固态二氧化碳俗称干冰，常用来制造舞台的烟雾效果。二氧化碳被认为是造成温室效应的主要原因。

③ 温室效应

温室效应是大气保温效应的俗称，又叫花房效应。太阳短波辐射能通过大气到达地面，而地表放出的长波热辐射却被大气吸收，使低层大气和地表温度增高，这与栽培农作物的温室作用类似，故称其为温室效应。随着温室效应的不断增强，全球气候变暖等一系列问题相继发生。

05 宇宙环境对人类的影响

▲ 宇宙飞船模型

宇宙环境对地球上人类的生存影响很大。太阳辐射是地球上光和热的主要源泉，太阳辐射能量的变化会影响地球环境，如太阳黑子出现的数量同地球上的降水量有明显的相关性；月球和太阳对地球的引力作用产生潮汐现象，同时引起风暴、海啸等自然灾害。太阳的短波紫外辐射对有机体细胞质有损害作用。地球也受宇宙射线的影响，许多遗传学家把地质时期的某些生物突变归咎为这种离子辐射。但太阳紫外辐射在一般含量水平下对生物体的直接影响现在还不清楚。太阳辐射的紫外线、X射线的强度变化，会影响地球上的无线电短波通信。

在航天事业比较发达的今天，人类开始进入宇宙环境。宇宙飞船在太空中飞行时，人体在失重的情况下，呼吸会感到困难，血液循环减弱，并可能会引起精神失常，甚至死亡。当宇宙飞船进入轨道后，人在失重状态下，不能自由支配自己的行动。神经系统失去平衡，会造成操作错误。在失重影响下，尿中钙含量增高。宇宙空间没有空气，声音不能传播，即使是相距很近，也不能对话。宇宙环境缺氧、低压，充满各种高能宇宙射线，对宇航员身体有害，所以宇航员必须穿宇航服。

探索宇宙环境，其目的之一是了解宇宙，便于人类向太空发展；另外，就是掌握宇宙环境对人类的影响，以便设法消除或减轻宇宙环境灾害。

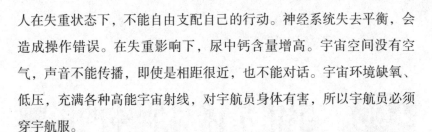

① 太阳辐射

太阳辐射是指太阳向宇宙发射的电磁波和粒子流（一种具有一定能量的、抽象的物质）。虽然地球所接受的太阳辐射能量仅为总辐射能的二十亿分之一，但地球大气运动的主要能源却来自它。

② 血液循环

血液循环由体循环和肺循环组成。血液由左心室泵入主动脉，通过全身各级动脉到达身体各部分毛细血管网，再经过各级静脉汇集到上、下腔静脉，最后流回右心房，这一循环路线是体循环。血液由右心室泵入肺动脉，流经肺部毛细血管，再通过肺静脉流回左心房，这一循环路线就是肺循环。

③ 海啸

海啸是由风暴或海底地震造成的海面恶浪并伴随巨响的现象，是一种具有强大破坏力的海浪。海啸的波长比海洋的最大深度还要大，在海底附近传播不受阻滞，不管海洋深度如何，波都可以传播过去。海底50千米以下出现垂直断层，里氏震级大于6.5级的条件下，最易引发破坏性海啸。

06 宇宙星体对地球的影响

地球在太阳光和热的辐射下，江河在奔流，风在劲吹，生物在成长，一片生机盎然的景象。尽管地球只接收到太阳光热的一小部分，但这却是万物生长的源泉。阳光使植物产生光合作用，吸收二氧化碳，释放出大量的氧气，创造了人类生存的条件。太阳和月亮的引力，使地球上出现了潮汐现象，同时也影响着空气的流动和地壳的变动。太阳、月球和地球的运动，形成了壮观的日食和月食现象。

宇宙中的星体，特别是太阳系中的星体，也给地球带来了一些不可避免的灾害。太阳是一个不稳定的星球，会周期性地"发脾气"。太阳表面的黑子，直径可达上千千米（在地面上观察只是一个小点），有可能产生气体喷发，使地球磁场严重波动，指南针失灵和偏转，仪表失灵，电话、电报线路受到干扰，飞机和地面站失去无线电联络。

此外，太阳系中的小行星、彗星曾多次撞击地球，给地球带来了灾难。今后，小行星和彗星撞击地球的事件仍在所难免，不过人类已着手研究对策，避免灾难的发生。

① 辐射

辐射指的是能量以电磁波或粒子的形式向外扩散的一种状态。

一般依其能量的高低及电离物质的能力将其分为电离辐射和非电离辐射。辐射的能量从辐射源向外所有方向都是直线放射。

② 光合作用

光合作用即光能合成作用，是生物界赖以生存的基础，是植物、藻类和某些细菌在可见光的照射下，经过光反应和碳反应，利用光合色素，将二氧化碳（或硫化氢）和水转化为有机物，并释放出氧气（或氢气）的生化过程。

③ 月球

生活中我们称月球为月亮，它是环绕地球运行的一颗卫星。月球是地球唯一的一颗天然卫星，也是离地球最近的天体。月球的年龄大约有46亿年，是人类至今第二个亲身到过的天体，也是被人们研究得最透彻的天体。

▲ 潮汐

"炸掉月球"计划

近年来，许多科学家认为，月球是地球的一只体格庞大的"寄生虫"，月球强大的引力导致地球自然灾害不断发生。

俄罗斯有5位著名物理学家提出"炸掉月球"的计划，俄罗斯联邦国务委员会同意就此建议之可行性作认真研究。他们提出"炸掉月球"的理由很简单：由于靠近北冰洋，俄罗斯境内大多是严寒地区，不利于农业生产和生活，难以开发他们巨大的国土资源。而两极形成的根本原因，正是地球受到月球的强大引力影响，运行轨道产生

▲ 月球

23.26°的倾斜，这个倾斜使得到达地球表面的太阳光不能均匀分布。

这样，按5位物理学家的说法，每逢冬季，俄罗斯便陷于漫长的冰雪季中，而炎炎非洲大陆则旱灾肆虐，如果没有月球，地球恢复水平（没人能知道地球如何能忽然弹回水平，那个时候会发生什么情况也无人知晓），这样地球便以"最平衡的角度"迎接太阳的能量，全球各地的温度都会很稳定，很多地方都能永葆春天。到那个时候，现在的沙漠会变成绿洲，农作物会苗壮成长，全世界的人也就不会忍饥挨饿了。

① 月球的引力

月球也是具有引力的，地球上的潮汐现象就是月球引力作用最明显的效应之一。月球对地球的引力作用会使地球自转缓缓变慢，大约每10万年减慢两秒，而且使月球以每年3厘米的速度远离地球，也就是说远古时月球离地球比今天近得多。

② 绿洲

绿洲指沙漠中具有水草的绿地，是一种在大尺度荒漠背景基质上，以小尺度范围，但具有相当规模的生物群落为基础，构成能够相对稳定维持的、具有明显小气候效应的异质生态景观。绿洲的土壤肥沃、灌溉条件便利，往往是干旱地区农牧业发达的地方。

③ 极地

极地是位于地球南北两端，纬度66.5°以上，长年被白雪覆盖的地方。昼夜长短会随四季的变化而改变是极地最大的特点，由于终年气温非常低，所以在极地区域几乎没有植物生长。位于地球南北两端的极地，分别称为南极和北极。

08 月球对地球的影响

人们把俄罗斯提出"炸掉月球"的5位物理科学家，称为"炸月派"。炸月派要销毁月球的理由还有许多，例如：

月球引力是"恐怖分子"。当月球处于近地点并发生满月的情况下，此时火山活动处于最活跃时期，是火山最有可能喷发的时候，同时日本科学家的研究结果显示，发生在海底板块交接处的地震，常常是以月球的引力为最后导火线的。

月球是地球的"大盗贼"。月球对地球的引潮力引起潮汐现象，其长远影响是使地球自转变慢，这样就意味着地球的自转能量被月球一点点地"偷"走了，因此大约每100年地球自转周期就要减慢2毫秒。

日月的引潮力引发地球自然灾害。太阳、地球和月球之间互有引力，称为"万有引力"。由于万有引力的约束，月球和太阳才有条不紊地沿着一定轨道运动着。月球和太阳对地球的吸引力，再加上地球自转的离心力，就使得地球上的气体、液体、固体以及生物都会受到影响，从而产生气体潮、液体潮、固体潮和生物潮，高空气压发生周期性变化，天空亮度受影响，引起火山、地震的发生，引起人类疾病突发等现象。

▲ 满月时火山活动处于活跃期

① 地震

　　地震又称地动,是指地壳快速释放能量过程中造成震动,其间会产生地震波的一种自然现象。它就像海啸、龙卷风一样,是地球上经常发生的一种自然灾害。地震常常造成人员伤亡,能引起火灾、有毒气体泄漏及放射性物质扩散,还可能造成海啸、崩塌等次生灾害。

② 离心力

　　离心力指物体由于旋转而产生脱离旋转中心的力,也指在旋转参照系中的一种视示力,是一种惯性的表现,实际是不存在的。离心力使物体离开旋转轴沿半径方向向外偏离,数值等于向心加速度,但方向相反。

③ 引潮力

　　月球和太阳对地球上海水的引力以及地球绕地月公共质心旋转时所产生的惯性离心力,这两种力组成的合力就是引潮力,是引起潮汐的原动力。

09 生命诞生的恒星环境

▲ 生命诞生的条件——太阳

太阳系中有一个能发光、发热的恒星，这就是太阳。无论就其光度、体积、质量、密度和温度等来看，它只不过是一颗普通的中等恒星。只有具有如此特征的恒星，才能促进它周围的行星上出现生命体。

地球上早在35亿年前就出现了生命，而且在1400万年前就诞生了人类。现在正在探索其他星球上出现生命的可能性。

地球上生命物质的出现不是偶然的，首先它与太阳以及地球本身的环境有关，这里我们先谈谈太阳与生命的关系。

科学家认为生命的出现，必定是在行星上，不可能出现在恒星上。而行星上要发育生命，必然与这颗行星所围绕转动的恒星的物理状况有着密切的关系。这颗恒星必定具有以下三个条件：恒星的质量大小适中，质量太大，那它的寿命会很短，不能促进行星上发展复杂的生命；太阳是单个恒星体系，而不是双星和聚星体系，这样就使得行星有个稳定的轨道，从而有着稳定的演化环境；太阳在银河系中的运转轨道是近圆形，这样使得行星有一个稳定的宇宙环境。

有了上述条件，太阳周围的行星上才有可能出现生命。

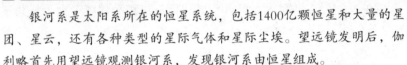

① 银河系

银河系是太阳系所在的恒星系统，包括1400亿颗恒星和大量的星团、星云，还有各种类型的星际气体和星际尘埃。望远镜发明后，伽利略首先用望远镜观测银河系，发现银河系由恒星组成。

② 地球公转

地球公转就是由于太阳引力场以及地球自转的作用，地球按一定轨道围绕太阳转动的运动。地球在公转的过程中，所经过的路线上的每一点都是在同一平面上，而且构成一个封闭曲线，这一封闭曲线便是我们常说的地球轨道。地球公转一圈就是一年。

③ 地球自转

地球自转就是地球绕自转轴自西向东的转动，从北极点上空看呈逆时针旋转，从南极点上空看呈顺时针旋转。地球自转是地球的一种重要运动形式，自转一周耗时23小时56分。

10 地球的生命环境（一）

在太阳系中，八大行星被太阳强大的引力所吸引，不停地围绕太阳运动。还有数十颗卫星被行星的吸引力所吸引，它们又围绕行星运动。此外，还有2000多颗小行星，无数的彗星和流星等星体。

八大行星的分布，由太阳向外依次为水星、金星、地球、火星、木星、土星、天王星和海王星。这八大行星围绕太阳公转的轨道，几乎都在一个公共平面内，只有水星和冥王星稍微偏离了这个公共平面。

靠近地球轨道的几颗行星，例如水星、金星和火星，同地球比较相似，无论质量、体积、密度都差不多，因此称为类地行星，也叫内行星。木星和它以外的行星，体积和质量比地球大很多倍，密度都比较小，故称为类木行星，也叫外行星。

八大行星中，7个行星为顺向（自西向东）自转，金星为逆向（自东向西）自转，天王星躺着自转，自转轴差不多位于公转轨道面以内。一般说来，行星质量越大，自转越快，木星、土星、天王星10小时左右转一周，海王星近16小时转一周，地球和火星近24小时转一周，水星和金星则要几十天和200多天才能转一周。

① 卫星

卫星是指在围绕一颗行星轨道并按闭合轨道做周期性运行的天然天体，如果两个天体质量相当，它们所形成的系统一般称为双行星系统。月球就是最明显的天然卫星的例子，然而随着科技的发展，宇宙中人造卫星越来越多。

② 流星

流星是指运行在星际空间的流星体（通常包括宇宙尘粒和固体块等空间物质）在接近地球时由于受到地球引力的摄动而被地球吸引，从而进入地球大气层，并与大气摩擦燃烧所产生的光迹。

③ 金星

金星是太阳系中八大行星之一，按离太阳由近及远的次序位于第二，它也是距离地球最近的行星。金星是质量与地球相似的类地行星，因此常被叫作地球的"姐妹星"，它是太阳系中唯一一颗没有磁场的行星。

▲ 八大行星运行轨道图

11 地球的生命环境（二）

在八大行星中，有的行星有卫星，有的行星没有卫星。目前所知，地球有一个卫星，那就是月球。火星、木星、土星、天王星、海王星都拥有自己的卫星，而且有的行星还有不止一个卫星，但是金星没有卫星。

目前，科学家发现，只有地球是蓝色的，而且只有地球上才有生命存在。为什么只有地球能出现人类和各种生命呢？

首先，地球位于距离太阳既不太远、也不太近的位置上，日地距离为1.5亿千米，太阳辐射到地球的光和热，能促进万物的生长。如果离太阳太近或太远，接受热量或多或少，都不宜于生命的诞生和生存。

▲ 火星地表

其次，如果行星的公转周期太长，季节变化太慢，或公转周期太短，季节变化太快，也不宜于生命的生存。而地球公转周期一年为365天，不长也不短，一年四季分明，正是生命生存的有利环境。

再次，地球上产生生命的基础是碳和水，称为碳水化合物。大气和水的存在也是地球上生命生存的必要条件。其他行星和月球上多数没有空气和水，少数只有极稀薄的空气和少量的水分子存在，所以没有生命存在。

最后，地球的质量适中，可以留住大气和水，有利于生命生存。

① 火星

火星是太阳系八大行星之一，是太阳系由内向外数的第四颗行星，属于类地行星，直径约为地球的一半，公转一周约为地球公转时间的两倍。火星基本上是沙漠行星，地表沙丘、砾石遍布，没有稳定的液态水体。二氧化碳为主的大气既稀薄又寒冷，沙尘悬浮其中，每年常有尘暴发生。

② 碳水化合物

碳水化合物又称糖类化合物，主要由碳、氢、氧组成，是自然界存在最多、分布最广的一类重要的有机化合物。食物中的碳水化合物分成两类：人可以吸收利用的有效碳水化合物和人不能消化的无效碳水化合物，它是为人体提供热能的三种主要的营养素中最廉价的营养素。

② 木星

木星是太阳系八大行星之一，是太阳系由内向外数的第五颗行星，也是太阳系中体积最大、自转最快的行星，其体积是地球的1316倍。木星主要由氢和氦组成，且拥有许多卫星，目前已知有63颗。

12 水行星——地球

当宇航员乘飞船进入太空的时候，地球留给他们最深刻的印象就是水量丰富，71%的地球表面为海洋所覆盖，3.5%为冰雪所覆盖，许多陆地又为云雾所笼罩。

那么，地球为何能成为有水、有海、有生命的水行星呢？因为它的体积和离太阳的距离适中，金星离太阳太近，火星体积又太小，所以都没有变成水行星。这是科学家在研究行星的大气和海的起源时提出的新见解。

科学家们认为，地球在形成的初期阶段，受到了一颗小天体的频繁碰撞，使得水蒸气、二氧化碳和尘埃都散发到空中，形成了原始大气。由于原始大气温室效应的作用，地球表面溶化，状似烂泥巴，从而形成熔岩海。熔岩海冷却凝固时，水蒸气就成了海，而原始大气渐渐地变化成现在的大气。

通过计算验证表明，变成海的水蒸气量与现在的海水量非常相似。用电子计算机对金星进行计算，结果表明，在金星形成的初期阶段，水蒸气量和地球相同，这是因为地球和金星大小几乎一样。

①雾

雾是在水气充足、微风及大气层稳定的情况下，接近地面的空气冷却至某程度时，空气中的水汽便会凝结成细微的水滴悬浮于空中，使地面水平的能见度下降的一种天气现象。雾的种类有辐射雾、平流雾、混合雾、蒸发雾以及烟雾。

▲ 地球是一颗蓝色的星球

② 水蒸气

水蒸气简称水汽，是水的气态形式。当水在沸点以下时，会缓慢蒸发成水蒸气；当达到沸点时，就变成了水蒸气；而在极低压环境下，冰会直接升华变成水蒸气。水蒸气是一种温室气体，可能会造成温室效应。

③ 尘埃

尘埃指的是飘浮于宇宙间的岩石颗粒与金属颗粒。宇宙中存在着大量的宇宙尘埃，这些尘埃看似不起眼，却能对我们的生活产生不容忽视的影响。每一小时都会有约一吨重的宇宙尘埃进入地球，这些尘埃并没有渐渐消失，而是聚集在地球上，这很可能就是过去自然灾害的源头。

13 形成水行星的条件

▲ 海水溶解了大气中二氧化碳

金星上的水蒸气为什么没有变成海呢？这是因为水蒸气在大气的温度降到650开尔文（约为376℃）以下，才凝聚成水，形成海，而金星在它形成后不久，表面温度为700开尔文（约等于430℃）。没有变成水的蒸汽在紫外线的作用下分解为氧和氢，氢散发到宇宙空间，氧成了金星地表面的氧化剂。这样一来，金星上的大气几乎都是二氧化碳。由于温室效应的作用，金星变成了灼热的球体。而地球形成后不久，温度是600开尔文（约等于330℃），于是海水溶解了大气中的二氧化碳，形成了现在的以氮和氧为主体的大气。

科学家认为，在同太阳一样的恒星周围，若有同地球几乎一样大小的行星在运转，它离恒星的距离在0.9个天文单位（一个天文单位等于太阳和地球的距离）到1.5个天文单位之间，这颗行星就能成为水行星，而不需其他特殊条件。金星的大小虽同地球一样，但它距太阳太近，只有0.7个天文单位；火星离太阳是1.5个天文单位，距离虽合适，但它只有地球的1/7，体积又太小，所以，金星和火星都没有成为水行星。

宇宙科学界认为，这一验证地球型行星初期进化的模式，也可用来统一解释太阳系外的行星的进化，因此，它对今后有关行星的研究将产生很大的影响。有专家认为，根据这个研究结果，可以认为除地球外，肯定还有水行星存在。

①紫外线

紫外线属于物理学光线的一种，自然界的主要紫外线光源是太阳。紫外线在生活、医疗以及工农业上都被有效利用。它能使照相底片感光，也可用来制作诱杀害虫的黑光灯，能杀菌、消毒、治疗皮肤病等，还可以防伪。

②氧化剂

氧化剂具有氧化性。选择氧化剂应当考虑如下几点：氧化效率高，用量少；与被氧化体系配合性好，在反应过程中稳定；氧化剂本身在储存过程中不易变质失效；低毒安全，不损害健康，不污染环境；价廉易得。

③大气层

在地球引力的作用下，大量的气体聚集在地球周围，形成一层厚厚的气层，称为大气层，又叫大气圈。大气层并非单纯的只含有气体，其中还含有水分和固态悬浮颗粒。除去水汽和杂质的空气被称为干洁空气。

14 太阳辐射对地球的影响

太阳表面的温度高达6000℃。太阳的光和热向四面八方辐射，太阳家族成员接收到光和热后，发生反射，产生一定的光热效应。地球接收到太阳的光和热虽然很少，但这些光和热对地球产生的影响却是巨大的。

由于地球距离太阳很远，而且地球在太空中只是一颗小小的星球，再加上最外层被一层厚厚的大气包裹着，大气层阻碍太阳能的辐射，因此，能够辐射到地球表面的光和热，只是太阳放出光热量的51%，其中又有2%从地面直接反射而返回宇宙空间，剩下的49%才在地面上起作用。

太阳的光和热在地球表面究竟发挥着什么作用呢？

辐射到地球表面上的太阳能约有47%以热的形式被地面和海洋吸收，使地面和海水变暖；与海水、河川、湖沼等的水分蒸发以及降雨、降雪有关的太阳能约为23%；能引起风和波浪的太阳能约为0.2%；植物利用太阳、水和二氧化碳进行光合作用而生长，所利用的太阳能不过0.02%～0.03%。

太阳还向地球发射X射线、电波和太阳风等离子体状的粒子，而且由于太阳的光斑、日珥和黑子等的活动，使包围地球的上层大气经常受到影响。

太阳还是生命的原动力，没有太阳生物就不能存在，而繁茂的生物则是改变地球面貌的一支重要力量。

① 反射

　　反射是声波、光波或其他电磁波遇到其他媒质分界面而部分仍在原物质中传播的现象。材料的反射本领叫作反射率，不同材料的表面具有不同的反射率，其数值多以百分数表示。同一材料对不同波长的光可有不同的反射率，这个现象称为选择反射。

② 降水

　　大气中的水汽以各种形式降落到地面的过程，就叫作降水。一般形成降水要符合如下条件：一是要有充足的水汽；二是要使气体能抬升并冷却凝结；三是要有较多的凝结核，即空气中的悬浮颗粒。

③ 日珥

　　日珥是突出在日面外的一种火焰状活动现象。它比日冕亮，比日面暗，是在太阳的色球层上发生的一种非常强烈的太阳活动，是太阳活动的标志之一。

▲ 太阳辐射

15 地球的温度变化

　　地球斜着身子在围绕太阳转动的同时也在自转，所以太阳照射地球，地球上每个地方接收到的光是不一样的，有的地方阳光能够直射，有的地方阳光斜射，因而有了热带和寒带之分。这种关系不是一成不变的，因此出现四季和昼夜的变化。于是在地球上不同的地点、不同的时期，有不同的温度变化。

▲ 寒带冰川

温度的变化使地面的水蒸发又凝结，凝结后温度的变化使各地的空气产生对流，这就是风。地球上各处温度是不同的，因此也总是有风在活动。风在过去的200万年中为北极送去了10米厚的尘土。

大气中所含的水汽如果聚集起来，相当一个面积为280平方千米、深约500米的大湖。空气的流动使得这个"湖"在天空中到处飘荡，使河流带到海洋的水通过这条道路又回到大陆。每年参加这个循环的水达到400万亿立方千米。

在阳光微弱的地方，气候寒冷，形成了万年积雪的世界，通常为两极和高山之巅，在那里冰川得以活动。

① 热带

南北回归线之间的地带为热带，地处赤道两侧。该带太阳高度终年很大，且一年有两次太阳直射的机会。热带全年高温，且变幅很小，只有雨季、干季或相对热季、冷季之分。

② 寒带

寒带是天文上的高纬地带，位于地球的极圈以内，北极圈以北为北寒带，南极圈以南为南寒带。寒带气温较低，昼夜长短变化大，无明显的四季变化，有极昼、极夜现象。

③ 冰川

冰川或称冰河，是指大量冰块堆积形成河川般的地理景观，在世界两极和两极至赤道带的高山均有分布，地球上陆地面积的1/10被冰川所覆盖，而4/5的淡水资源也储存于冰川之中。按照冰川的规模和形态可分为大陆冰盖和山岳冰川（又称高山冰川）。

16 太阳黑子

从地球上看到太阳表面上出现的大小不同、形状不规则的黑色斑点，人们称它为太阳黑子。太阳黑子多数是圆形或椭圆形的，当中有一个黑心，称为"本影"，本影被一个较亮的环包围着，这个环称为"半影"。太阳黑子有时单个出现，有时成群出现。最大的太阳黑子直径比地球直径大10倍，可达几十万千米。

太阳黑子的寿命不长，一般只能维持几天，少数的能"活"几个月，极个别的可以超过一年。太阳黑子是太阳物质运动的一种表现。它是一个巨大的旋涡气流，气流速度达每秒1000～2000米，像是太阳表面的"风暴"。因为它的温度只有4500℃，比太阳表面温度（6000℃）低得多，所以看上去光线暗弱，从而成为太阳表面的黑斑。

太阳上黑子的数目有时多、有时少，但有一个明显的变化规律：黑子活动不断加剧达到高潮，再不断减缓降到低潮，大约11年为一个周期。如果把黑子最少的年份算一个周期的开始，那么，在每周期的11年中，前3～4年是黑子数上升时期；后4～6年是黑子数下降时期。在一个周期里，活动最频繁的一年称为峰年，最弱的一年称为谷年。

▲ 太阳黑子活动峰年要注意预防疾病

① 风暴

风暴在环境领域泛指强烈天气系统过境时出现的天气过程，特指伴有强风或强降水的天气系统，例如龙卷风、台风、雷暴、热带气旋、热带风暴等。在生活中风暴一词也比喻规模大而气势猛烈的事件或现象。

② 太阳黑子的成因

关于太阳黑子的成因天文学界说法不同，有的说黑子可能是太阳的核废料，约11年出现一次，可能是黑子在太阳里面和表面的上下翻动造成的；还有的说它是由于太阳的聚变作用而形成的。

③ 太阳黑子的危害

科学家发现，在太阳黑子活动峰年，致病细菌的毒性会加剧，它们进入人体后能直接影响人体的生理、生化过程，也影响病程。所以，当黑子数量达高峰期时，要及早预防疾病的流行。

17 太阳黑子对地球的影响

太阳黑子大量出现，特别是当其达到极大值时，在太阳上将会发生一种相应的反应——局部地区亮度突然增强，这种现象叫太阳耀斑，也叫色球爆发。色球爆发时发出的总能量，有时可达到相当于100亿个百万吨级的氢弹爆炸时产生的威力。

太阳黑子增多时，太阳活动剧烈，放射出大量的粒子辐射，紫外线等的能量也会增加几十倍或几百倍，对地球环境会产生巨大破坏。我们知道，地球是个巨大的磁体，在黑子和耀斑涌现时，磁场受到干扰，会发生"磁暴"现象，这时指南针剧烈晃动，甚至失灵；依靠电离层反射传播的无线电波中断；极光会变得分外明亮；还会使地球上不同地区的气温、气压、大气环

▲ 太阳黑子会造成指南针失灵

流发生不同的变化，造成恶劣的气候。

太阳黑子增多时，太阳辐射加强，引起地面大气环流的变化。大气环流与辐射变化的共同作用会直接影响气候变化。据分析，太阳黑子活动强时，北半球中纬度地区东西向的大气环流一般趋于减弱，南北向的大气环流加强。在经向环流的控制下，北方冷空气势力强，活动范围大，南下频繁，冷暖气流斗争激烈，易于造成异常天气。

① 氢弹

氢弹又称聚变弹、热核弹，是核武器的一种，是利用原子弹爆炸的能量点燃氢的同位素氘等轻原子核进行聚变反应，瞬时释放出巨大能量的核武器。氢弹的杀伤破坏因素与原子弹相同，但威力比原子弹大得多，其战术、技术性能比原子弹更好，用途也更广泛。

② 大气环流

大气环流一般指具有世界规模的、大范围的大气运行现象。大气环流形成的主要原因，一是太阳辐射，二是地球自转，三是地球表面海陆分布不均匀，四是大气内部南北之间热量、动量的相互交换。研究大气环流有利于提高天气预报的准确率和加深对全球气候变化的探索。

③ 指南针

指南针的前身是中国古代四大发明之一的司南，是用以判别方位的一种简单仪器。主要组成部分是一根装在轴上可以自由转动的磁针，磁针的北极指向地球的北极，利用这一性能可以辨别方向。常用于航海、大地测量、旅行及军事等方面。

18 太阳风暴

▲ 太阳风暴会引发火山爆发

太阳释放出强大的能量，引起高电荷的粒子喷发到宇宙空间。这种猛烈的风暴发生在11年一次的"太阳高峰"之时，它会使地球上的通信卫星发生故障、电网漏电，还会干扰无线电广播。

太阳风暴是如何刮起来的呢？原来这些能量是从太阳大气层刮出来的。太阳的大气层从里向外，分为光球、色球和日冕三层，从光球层以上，大约2000千米的高度向外延伸1000千米的区域，称为色球—日冕的过渡层，这一层是反映太阳大气物理状态急剧变化的"特区"，也是各国科学家用各种手段进行探测，从而深入研究太阳内部结构的最重要区域。该区域有时会出现亮度突增的现象，与此同时，射电波、紫外线、X射线的流量也突然增加，有时还会射出高能γ射线和高能带电粒子，其能量是巨大的。如果人类能获得这种能量，便可满足全世界1亿年对电的需求量。

这些高电荷粒子与地球磁场碰撞，可使地球电离层发生急剧的变化，并造成地球磁场的强烈骚动，这就是磁暴。它的强度通常用0～9级来衡量。9级是强磁暴，说明太阳内部活动异常剧烈。太阳的剧烈活动，与地震、火山爆发、旱涝灾害、无线电通信中断、交通事故等的发生有关，也会对宇宙航行和人造卫星造成危害。

① 干旱

干旱通常指淡水总量少，不足以满足人的生存和经济发展的现象。干旱是人类面临的主要自然灾害。随着人类经济发展和人口的暴涨，水资源的不合理开发利用，水资源短缺的现象日益严重，从而使干旱的程度也逐渐加重。

② 火山爆发

火山爆发是一种奇特的地质现象，是地壳运动的一种表现形式，也是地球内部热能在地表的一种强烈显示。因岩浆性质、火山通道形状、地下岩浆库内压力等因素的影响，火山喷发有很多形式，一般可分为裂隙式喷发和中心式喷发。

③ 洪涝灾害

洪是指大雨、暴雨引起水道急流、山洪暴发、河水泛滥淹没农田、毁坏环境与各种设施等原生环境问题；涝指水过多或过于集中造成的积水成灾。总体来说，洪和涝都是水灾的一种。

19 太阳风暴对地球的影响

当太阳风暴引起磁暴时，人们可以看见北极光这一壮丽的景色。但是发生磁暴的结果却会给地球带来混乱，例如，1998年5月由于磁暴使一颗通信卫星发生故障，造成美国约4000万个传呼机失去服务。

科学家认为，太阳风暴给通信卫星造成的影响有两方面：一个是静电引起计算机故障，另一个是摩擦改变卫星轨道。

1989年，太阳风暴曾使加拿大魁北克省和美国新泽西州的供电系统受到破坏，造成的损失超过10亿美元。此外，有些心血管病人对太阳黑子剧烈活动引起的电离层磁扰动比较敏感，故太阳磁暴可能使他们的病情加重。

据有关专家介绍，由太阳黑子活动引起的太阳风暴对商业卫星也是重大的考验。对绕地球轨道飞行的人造卫星来说，地球磁场被扰乱后，它们可能会失去方向控制，甚至闯入星际太空，变成六神无主的太空"孤儿"。

除此之外，在太阳风暴期间，最有风险的还有那些宇航员。在国际空间站的宇航员会受到高辐射，在1万米以上高空中飞行的飞机会受到宇宙基本粒子的猛烈打击。这些粒子主要是在宇宙粒子与原子碰撞过程中，游离出来飘浮在高层空间的能量粒子，具有放射性。如果月球上有宇航员，将会有潜在的严重后果。

① 磁暴

当太阳表面活动旺盛，特别是在太阳黑子极大期时，太阳表面的闪焰爆发次数也会增加，闪焰爆发时会辐射出紫外线、X射线、可见光及高能量的质子和电子束。其中的带电粒子形成的电流冲击地球磁场，引发短波通讯中断，这种现象即磁暴。

② 静电

静电是一种处于静止状态的电荷。日常生活中时常会出现静电现象，如在干燥和多风的天气，见面握手时，手指刚一接触到对方，会突然觉得指尖有刺痛感；晚上脱衣服睡觉时，黑暗中常听到"噼啪"的声响，而且伴有蓝光；早上起来梳头时，头发经常会"飘"起来，越理越乱等。

③ 放射性

某些物质的原子核能发生衰变，会放出我们肉眼看不见也感觉不到，只能用专门的仪器才能探测到的射线，物质的这种性质叫放射性。放射性物质放出的射线有三种，分别是α射线、β射线和γ射线。

▲ 太空卫星

20 太阳活动的周期

太阳黑子活动以及黑子活动引起的风暴，平均每隔11年就会出现一个高潮。国际天文学界把从1755年开始的太阳活动周期峰年作为第1个周期，以后依次序编号。

第22周期太阳活动峰年是从1986年开始的。太阳黑子和耀斑的频繁爆发给人类生存空间环境带来了明显的影响，使地球上出现了多次地磁暴和极光，而且还抛出了大量高能带电粒子流，严重干扰电离层，使得地球上不少地区的无线电短波通讯突然中断，人造地球卫星

▲ 洪涝灾害与太阳活动有关

的运行和工作也受到干扰。在高纬度地区，极光所产生的强大电流在输电线路上集结而产生了强烈的电冲击，摧毁了输电变压器材而导致大范围地区的供电中断。

此外，在第22周期的峰年内，世界各地还曾相继发生过大地震和火山大爆发。1990年至1991年，中国的江淮流域还出现了历史上罕见的大范围的洪涝灾害。所有这些都跟当年的太阳活动有着密切的关系。

① 极光

极光是由于太阳带电粒子（太阳风）进入地球磁场，地球南北两极附近地区的高空，夜间出现灿烂美丽光辉的现象。按其形态特征极光可分成五种：极光弧、极光带、极光片、极光芒、极光幔。极光多种多样，绮丽无比，在自然界中还没有哪种现象能与之媲美。

② 电离层

电离层是地球大气的一个电离区域。电离层从离地面约50千米开始一直伸展到约1000千米高度的地球高层大气区域，其中存在相当多的自由电子和离子。除地球外，金星、火星和木星都有电离层。

③ 纬度

表征纬线在地球上方位的量便是纬度（指某点与地球球心的连线和地球赤道面所成的线面角），其数值在0°～90°之间，赤道以北的点的纬度称北纬，以南的点的纬度称南纬。

21 太阳活动周期与地球变化

地球上很多自然现象与它所在的宇宙环境有着密切的关系，所以越来越多的科学家把自己的注意力延伸到地球以外的宇宙，从而不断揭示地球上自然界的秘密。地球上很多自然现象周期性的变化都与太阳活动的周期性变化有着内在联系。

地球上很多自然现象变化的周期也恰好是11年左右。

中国于1966年3月发生过河北邢台大地震，而10年以后的1976年7月，又发生了河北唐山大地震。邢台和唐山同属太行山麓—渤海沿岸地震区。从中国和世界上许多国家看，地震的强弱和次数多少有一个11年左右的周期性，这是因为在太阳黑子出现多的年份，太阳活动增强，电磁辐射剧烈增加，某些地区地壳吸收大量电磁波，转化为热能而触发地震。

树木的年轮间距也有一定的规律，即每隔11轮左右就有一个明显变化，表明太阳活动与生物生长有关系。太阳黑子较多的年份生物生长增快，树木的年轮间距就较大。

据资料统计，地面降水量的变化也有11年的周期。这是因为当太阳活动强烈时，太阳辐射中的短波辐射和微粒辐射加强，首先引起地球高层大气，特别是电离层和臭氧层发生变化，然后通过各种复杂的途径，进而造成天气和气候的变异。

① 地壳

地壳是地球固体地表构造的最外圈层，整个地壳平均厚度约为17千米，其中大陆地壳厚度较大，平均约为33千米。高山、高原地区地壳很厚，可达70千米；平原、盆地地壳相对较薄。大洋地壳则远比大陆地壳薄，厚度只有几千米。

② 年轮

年轮是指树木在一年内生长所产生的一个层，它出现在横断面上好像一个轮，围绕着过去产生的同样的一些轮。也可以指鱼类等生长过程中在鳞片、耳石、鳃盖骨和脊椎骨等上面所形成的特殊排列的年周期环状轮圈。

③ 对流层

对流层是地球大气层最靠近地面的一层，是地球大气层里密度最高的一层，蕴涵了整个大气层约75%的质量。它的高度是从地球表面向上算起，并因纬度的不同而不同，在低纬度地区高17～18千米，在中纬度的地区高10～12千米，在高纬度地区高只有8～9千米。

▲ 太阳活动与植物生长有关

22 日食

▲ 日环食

地球和月亮都是不发光的天体，当太阳光照射到它们的时候，它们朝向太阳的半球是明亮的，而另外的半球则是黑暗的。由于地球和月亮在运动中挡住了一部分阳光，所以它们背向太阳的一面就总是拖着一条圆锥形的黑影，这条黑影叫作影锥。当月亮运行到太阳和地球之间，如果这时太阳、月亮和地球三者正好处于或接近处于一条直线，地球处于影锥扫过的地区，就会看到月亮挡住了太阳的一部分或者全部，这就是日食现象。所以，可以说日食是影子的杰作。

日食可分为日全食、日环食和日偏食。月球的影锥可分为本影、伪本影和半影三部分。在月球本影扫过的地方，太阳光全部被遮没了，这种情况就是日全食；在半影扫过的地方，月球仅遮没了日面的一部分，这就是日偏食；有时候，月球本影达不到地面，而是伪本影扫到地面，此时太阳中央绝大部分被遮住，而在周围留下一圈明亮的光环，这就是日环食。在发生日全食和日环食的过程中，必然会发生日偏食。

日食一定发生在朔日，即农历初一，但不是所有的朔日都会发生日食。只有当月球运行到太阳与地球之间，而且三球基本在一条直线上时，才会发生日食。

① 天体

天体是指宇宙空间的物质形体，如在太阳系中的太阳、行星、卫星，银河系中的恒星、星云、星际物质、河外星系、星系团等。人类发射并在太空中运行的人造卫星、宇宙飞船、空间实验室、月球探测器、行星探测器、行星际探测器等则被称为人造天体。

② 朔日

中国农历将朔日定为每月的第一天，即初一。朔日有以平旦（天刚亮的时刻）、鸡鸣、夜半为开头的三种算法。朔日当天的月亮称为朔月，朔月又称新月。农历每月十五是望日，望日当天的月亮称为望月，望月又称满月，月影呈圆形。

③ 日环食

日环食是日食的一种，发生时太阳的中心部分黑暗，边缘仍然明亮，形成光环，因此得名。形成日环食是因为月球在太阳和地球之间，而且距离地球较远，不能完全遮住太阳。如果月球离地球较近，月影本影能到达地面，则本影下的人们看到的是日全食。

23 日食与人类环境

　　日食来临时会对人类环境及地球生物产生一定的影响，如1981年日食发生时，天空随之转暗，似黄昏来临，10分钟内气温骤降8℃，空中的鸟儿急速飞入林中和草丛，地面上的公鸡啼鸣，母鸡领着鸡雏迅速归窝，蚊子也顿时活跃起来等。另外，据一些研究者观测，在日全食时，蚂蚁会静止不动；蜜蜂在日全食前30分钟就开始返回蜂房，直到日食后一小时才大量飞出；大头金蝇在日食环境的影响下可发生形态变异；白天活动的飞禽，日食时活动减少，而夜间活动的鸟类却开始活跃；更为有趣的是，信鸽在日食时往往会失去定向能力。

　　日食环境对人类的影响究竟如何？1980年2月16日（正月初一）发生日全食，上海中医学院科研小组的专家前往昆明，与当地医务人员一起，对55例心血管疾病患者进行了综合观测。结果表明，70%以上的病人原有的主要症状加重，怕冷的症状更突出；病人的交感神经也比较兴奋。直至日食后两三天，病人的血压、脉搏、交感神经兴奋性才逐渐恢复到日食前的水平。这种影响主要是由日食时月球挡住了不少太阳辐射能量和粒子流，地球上的光线、温度、磁场、引力场等物理因素发生短暂的突变所引起的。

▲ 发生日食，天空变暗

① 日食的价值

科学史上的许多重大物理学和天文学发现都是利用日全食的机会试验成功的，而且也只能通过这种机会才行，因此日全食具有巨大的天文观测价值。最著名的例子是1919年的一次日全食，证实了爱因斯坦广义相对论的正确性。

② 太阳风

太阳风是从恒星上层大气射出的超声速等离子体带电粒子流。这种物质虽然与地球上的空气不同，不是由气体的分子组成，而是由更简单的比原子还小一个层次的基本粒子——质子和电子等组成，但它们流动时所产生的效应与空气流动十分相似。

③ 变异

变异是生物有机体的属性之一，指同种生物后代与前代、同代不同个体之间在形体特征、生理特征等方面所表现出来的差别。变异可分为可遗传变异和不可遗传变异，前者由遗传物质的改变所致（突变与基因重组），后者由环境变化而造成。

24 高空宇宙射线

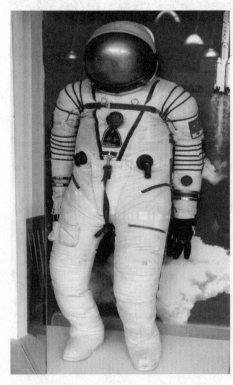

▲ 宇航员要穿宇航服防止宇宙辐射

在地球的外层空间，有大量的紫外线、X射线等宇宙射线，并经常伴有高能粒子雨、等离子风、磁暴等。地球有一层大气层，挡住了各种对人体有害的宇宙射线，使我们得以安全生存。但对于来到宇宙空间的宇航员和在高空飞行的飞机的驾驶员来说，已失去了大气层的保护，各种宇宙射线就有可能破坏他们的细胞，导致皮肤癌，甚至危及生命。

在1万米以上高空中飞行的飞机，会受到宇宙基本粒子的猛烈打击。它们主要是在宇宙粒子与原子碰撞过程中游离出来，飘浮在高层空间的能量粒子，具有放射性。飞机在高空中飞行，不论是前面驾驶舱中的飞行员，后面客舱中的乘客，还是机上服务员，都会遭到放射性射线的辐射。现代科学已经证实，这种辐射虽然短时间内危害不大，但长时间受到这种辐射线的照射，身体同样会受到明显的放射性伤害。

德国射线病专家特劳特通过对几十位飞行员及空姐的检查发现，这些长期从事高空飞行工作的人，其染色体都发生了异常。专家们估计，这些空勤人员每年所接受到的放射性射线的剂量，比在正常核电站工作的工人还要高出大约4倍。

1 等离子

当电离过程频繁发生，电子和离子的浓度达到一定的数值时，物质的状态也会发生根本的变化。它区别于固体、液体和气体这三种状态，我们称它为物质的第四态，即等离子态。等离子态下的物质具有良好的流动性、扩散性、导电性和导热性。

2 初级宇宙线

初级宇宙线是在地球大气层外，尚未与大气发生相互作用的高能粒子流（宇宙线）。其中包括在源区产生的粒子流及在空间传播过程中的次级产物。初级宇宙线携带着有关产生源、银河和日地空间的物质特征和物理过程的信息。

3 核电站

核电站是利用核分裂或核聚变反应所释放的能量产生电能的发电厂。以核反应堆来代替火电站的锅炉，以核燃料在核反应堆中发生特殊形式的"燃烧"产生热量，使核能转变成热能来加热水从而产生蒸汽。蒸汽通过管路进入汽轮机，推动汽轮发电机发电，完成机械能向电能的转变。

25 宇宙射线危及人类健康

放射医学专家库尼指出，过量的宇宙射线将严重地损害人们的身体健康。宇宙射线对飞机驾驶员及其他经常乘坐飞机的人来说，其生命威胁明显大于意外坠机事故。

研究结果证明，飞机受到的辐射剂量与其飞行的高度成正比。飞得越高，受到的辐射剂量就越大。民航客机巡航的高度，宇宙辐射的强度大约是地面的100多倍。对于如此强烈的射线辐射，飞机薄薄的铝壳根本毫无防护作用。人们在远途高空飞行时，所受到的射线伤害，远比低空飞行时大得多。

过量接受放射性辐射的最直接伤害是引发癌症。很多研究结果都已经证明，航班空勤人员患各种癌症的机会的确比一般人要高，意大利的科学家在对100多名空勤人员的一系列检查中发现，他们染色体中出现损伤性异常的比例高出地勤人员1倍。加拿大、美国、英国的科学家进行的调查也证实，空勤人员尤其易患皮肤癌和脑瘤。

① 宇宙射线观测站

为了有效和长期对宇宙射线进行观测，各国都相继建立了观测站。1943年，苏联在亚美尼亚建立了海拔3200米的阿拉嘎兹高山站；1954年，中国建立了海拔3200米的云南东川站；1990年，中日双方合作建立了西藏羊八井宇宙射线观测站。

② 宇宙射线的影响

一些科学家认为，目前受到国际社会广泛关注的全球变暖问题，很有可能与宇宙射线有直接关系。宇宙射线有可能通过改变低层大气中形成云层的方式来促使地球变暖。此外，科学家还认为，宇宙射线很有可能与生物物种的出现与灭绝有关。

③ γ辐射

在原子核反应中，原子核发生 α、β 衰变后，往往衰变到某个激发态，处于激发态的原子核仍是不稳定的，并且会通过释放一系列能量使其达到稳定的状态，而这些能量的释放是通过射线辐射来实现的，这种射线就是 γ 射线。γ 辐射是一种强电磁波，它的波长比X射线还要短，一般波长小于0.001纳米。

▲ 长时间高空飞行，会受到辐射

26 日地空间物理

▲ 火箭

人们常用"不知天高地厚"来形容不知高低、深浅的人。其实，天有多高，是属于空间物理的研究范畴，而地有多厚，则是属于地质学研究的内容。

天有多高呢？随着探空火箭和人造卫星的相继上天，据对空间物理学的研究得知，太阳距离我们地球1.5亿千米，月球离我们约38万千米。人们眼睛所看到的蓝天，离地面只不过数十千米，它包含在地球的大气圈范围内。

日地空间物理是随着航天技术及其他高新科技的发展而迅速发展起来的一门新兴学科。几十年来航天事业的发展表明，空间技术与空间物理的发展是相辅相成的。空间物理研究可为航天活动提出新的启示、新的原理、新的要求和安全防护措施，推动航天技术的发展。

日地空间物理与太阳物理、大气物理、固体地球物理及等离子体物理密切相关，是一门多学科交叉的边缘学科。日地空间物理主要研究太阳活动引起的各种形式的能量变化，还有人为活动对地球空间环境影响的物理化学过程；日地空间环境的变化规律和预报；空间环境变化对航天活动和人类生存环境的影响。日地空间物理研究不仅对认识宇宙有重大科学意义，而且对空间的开发和利用有广阔的前景。

① 人造卫星

人造卫星是人造地球卫星的简称，是指环绕地球飞行并在空间轨道运行一圈以上的无人航天器。它是发射数量最多、发展最快并且用途最广的航天器。按其在轨道上的功能可分为观测站、中继站、基准站和轨道武器四类。

② 火箭

火箭是利用热气流高速向后喷出产生的反作用力向前运动的喷气推进装置。中国是古代火箭的故乡，当时的火箭只是在箭头后部绑缚浸满油脂的麻布等易燃物，点燃后用弓弩射至敌方，达到纵火目的的兵器。现代火箭可作为快速远距离运输工具，可以用来发射卫星和投送武器战斗部（弹头）。

③ 航天

航天又称空间飞行、太空飞行或宇宙航行，是指航天器在太空的航行活动。航天的基本条件是航天器必须达到足够的速度，摆脱地球或太阳的引力。航天活动的目的是探索、开发和利用太空与天体，为人类服务。

27 空间环境

关于环境的含义，目前还存在一些模糊认识，随着人类活动范围的不断扩展，环境的含义也在变化。1981年在罗马召开的国际宇航联合会第32届年会上，把陆地、海洋和近地大气层分别称为第一、第二和第三环境，将外层空间称为第四环境。人们通常所说的环境，是指陆地、海洋和近地大气环境，即与人类生存直接接触的环境，除此之外，还有空间环境，人类生存环境与空间环境有密切联系。

日地空间环境又分为不同的层次，包括太阳上层大气、行星际、地球磁层、电离层和高中层大气，其中地球磁层、电离层和高中层大气称为地球空间环境。

人类已进入空间时代，地球空间已成为人类向自然索取资源的重要场所。对空间资源开发和利用的水平，已成为衡量一个国家经济实力和高新科技发展水平的主要标志，是21世纪国际上竞争的主要目标。日地空间物理研究与空间资源开发利用有着密切联系，因而国际上非常注重空间环境的状况。

① 大气环境

大气环境是指生物赖以生存的空气的物理、化学和生物学特性，也就是包围我们的空气所营造的一种具有其固有性质的环境。它看不见、摸不着，但跟人类以及各种生物的生存、生长有着密不可分的关系。

▲ 地球环境

② 海洋环境

海洋环境指地球上广大连续的海和洋的总水域，包括海水、溶解和悬浮于海水中的物质、海底沉积物和海洋生物。海洋是地球表面的一种被陆地分割但彼此相通的广大水域，其总面积约为3.6亿平方千米，大概占地球表面积的71%，故常常有人将地球称作"水球"。

③ 罗马

罗马为意大利首都，位于意大利半岛中西部，台伯河下游平原的七座小山丘上，市中心面积有1200多平方千米。罗马是全世界天主教会的中心，是世界著名的历史文化名城，古罗马帝国的发祥地，因建城历史悠久而被称为"永恒之城"。

28 流星

流星一般发生在距地面高度为80～120千米的高空中。流星的质量一般很小，比如产生5等亮度的流星直径约为0.5厘米，质量为0.06毫克；肉眼可见的流星直径在0.1～1厘米之间。流星进入大气层的速度每秒在11～72千米之间。

流星有两种，一类为偶发流星，另一类为流星雨。偶发流星完全随机出现，事先很难预料，它出现时，看上去非常明亮，就像一条闪闪发光的巨大火龙，伴随着闪光，有时还会发出"沙沙"的响声或爆炸声，人们叫它"火流星"。有的火流星甚至在白天也能看到。在中

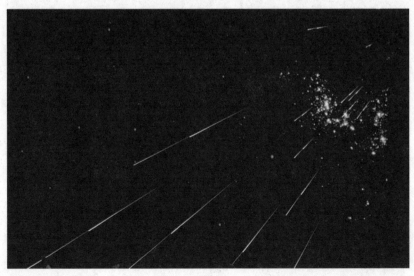

▲ 流星雨

国古代的天象纪事中，有关火流星的记载很多。

在各种流星现象中，最美丽、最壮观的要数流星雨。千万颗流星像下雨一样，从天空中某一点或小块天区迸发出，像"天女散花"。天空中某一点或小块天区被称为流星辐射点。流星辐射点所在的星座名，就作为流星雨的名称。例如，1998年11月18日凌晨发生的流星雨辐射点是在狮子座，就称为狮子座流星雨。人类对狮子座流星雨的记载如下：902年、1799年、1833年、1866年、1899年、1933年、1966年、1999年，大约每33年发生一次。

① 爆炸

爆炸是在极短时间内释放出大量能量，产生高温，并放出大量气体，在周围介质中造成高压的化学反应或状态变化。一般的爆炸是由火而引发的。但如果将两个或两个以上互相排斥或不兼容的化学物质组合在一起，形成第三化学材料，也会引起小型或大型爆炸。

② 微陨星

大部分流星体在进入大气层后都汽化殆尽，少数大而结构坚实的流星体因燃烧未尽而有剩余固体物质降落到地面，还有一部分是以尘埃的形式飘浮在大气中并最终落到地面上的宇宙物质极小颗粒，这部分极小颗粒称为微陨星。它们有的是飘落到地面上的微流星体，有的则是陨星陨落时掉下的碎屑。

③ 狮子座

狮子座是黄道带星座之一，面积946.96平方度，占全天面积的2.296%，在全天88个星座中，面积排行第十二位。在4000多年前的古埃及，每年仲夏节太阳移到狮子座天区时，尼罗河的河谷就有大量狮子从沙漠中聚集于此乘凉喝水，狮子座因此得名。

29 流星的形成

晴朗的夜晚，在群星中间，有时候会看到一颗遥远而明亮的星星，好像离弦的箭一样在苍穹下飞快地移动，转瞬即逝。这就是人们常常说起的流星。

流星是怎样形成的呢？原来在太阳系的广阔空间中，除了有太阳、八大行星、卫星及数以万计的小行星、彗星以外，还散布着难以计数的尘粒和小物体，它们也像太阳系其他成员那样，绕太阳公转，被称为"流星体"。当它们运动至接近地球时，由于地球引力的作用，其运行轨道会发生改变，于是就有可能穿过地球大气层；当地球穿越它们的运行轨道时，它们也有可能进入地球大气层。当流星体以高速闯入地球大气层后，与大气分子发生摩擦，形成灼热发光现象，在夜空中就表现为一条光迹，我们便把这种现象叫作"流星"。因为未燃烧尽而有剩余固体物质降落到地面的流星，我们称其为"陨星"，也叫"陨石"。

① 摩擦

摩擦就是相互接触的两个物体有相对运动或相对运动的趋势时，在接触界面上出现阻碍相对运动的现象。摩擦会生热，严重的会燃烧。摩擦有利也有害，但在多数情况下是不利的。例如，机器运转时的摩擦，会造成能量的无益损耗和缩短机器寿命，还会降低机械效率。

② 彗星

彗星俗称扫把星，是太阳系中的一类小天体，由冰冻物质和尘埃组成。当彗星靠近太阳时，人们就会发现，它有着长长的明亮稀疏的彗尾。历史上第一个被观测到相继出现的同一天体是哈雷彗星。

③ 陨石

陨石也称陨星，是地球以外未燃尽的宇宙流星脱离原有运行轨道或成碎块散落到地球或其他行星表面石质的、铁质的或是石铁混合物质。陨石是人类直接认识太阳系各星体珍贵稀有的实物标本，极具收藏价值。

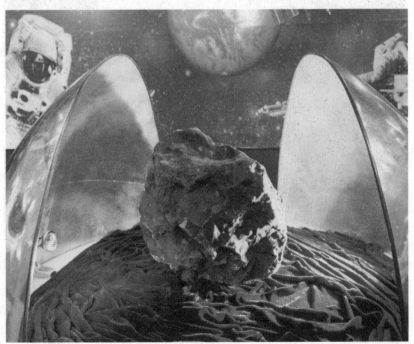

▲ 陨石

30 天体运动

▲ 月偏食

宇宙之间的一切都处在永恒不息的运动之中，运动是物质的存在方式。月球在自转，同时绕着地球公转；地球在自转，同时绕着太阳公转；太阳在自转，同时绕着银河系的中心公转；银河系在自转，同时绕着更大的天体系统中心在公转……从地球上看太空，只觉得天在旋，地在转，日、月、星、辰都有升有落，时隐时现。

天体的运动会给地球环境带来巨大的影响。"野火初烟细，新月半轮空""野旷沙岸净，天高秋月明"。皎洁的月亮，盈亏变化的月貌，给大自然增添了无限的美感。月球每天在天空上大约移动13°，大约27天8小时绕地球转动一周。月球的旋转给地球带来了一轮明月的银辉，也带来了海水的潮汐现象。其实，它和太阳的引力，还会造成地壳的固体潮、大气的气体潮，会给人类生产、生活环境带来有形和无形的影响。

地球绕着地轴自转，自转一周就是一天。地球绕着太阳公转，公转一圈就是一年。

① 潮汐

潮汐是沿海地区的一种自然现象，是指海水在天体（主要是太阳和月球）引潮力作用下所产生的周期性运动，习惯上把海面垂直方向的涨落称为潮汐，而海水在水平方向的流动称为潮流。潮汐是有周期的，可分为半日潮汐、全日潮汐和混合潮汐。

② 月球的公转

月球绕地球旋转叫月球的公转。月球的运动是自西向东的，它的轨道同所有天体的轨道一样也是椭圆状的，距地球最近的一点叫近地点，而离地球最远的那一点叫远地点，若相对恒星来说，它的运动周期约27.3天。

③ 月食

月食是一种特殊的天文现象。当月球运行至地球的阴影部分时，在月球和地球之间的地区会因为太阳光被地球所遮蔽，我们在地球上就看到月球缺了一块。月食可以分为月偏食、月全食和半影月食三种。

31 昼夜与四季

地球围绕太阳公转的速度很惊人，每秒以30千米的速度在轨道上奔驰。地球绕太阳公转的轨道是个"椭圆"，如果我们假定这个轨道为圆，那么它的半径为1.5亿千米。地球绕太阳公转的轨道不是正圆，因此每年的1月，地球离太阳最近，大约为1.5亿千米；7月，离太阳最远，为1.52亿千米。

地球载着它上面的所有"旅行者"，在围绕太阳公转的同时，也在绕地轴自转。日月星辰东升西落，白天黑夜的变化，就是地球自西向东转动的结果。自转时，赤道地区的线速度最快，每秒为465米，两极的线速度为零。

地球自转时，自转轴和赤道面（地球自转时的主平面）保持66.5°的倾角，转动时自转轴的方向不发生明显的变化。所以，地球在绕太阳公转的过程中，就产生了春、夏、秋、冬四季，四季交替的周期为一年，等于365天5小时48分46秒。

地球的自转速度是不均匀的，人们发现地球自转有周期性的变化。同时，一些人根据其他方面的研究认为，地球自转有长期减慢的趋势。

① 赤道地区

赤道地区就是南、北回归线之间的地区。这个地区全年气温高、

▲ 夜色

风力微弱、蒸发旺盛。赤道区域的海洋具有赤道洋流引起的海水垂直交换现象，这种交换使下层营养盐类上升，海洋生物养料比较丰富，从而鱼类较多。飞鱼为赤道带典型鱼类。

② 回归线

回归线就是指地球上南纬23°26′和北纬23°26′的两条纬线。回归线是太阳每年在地球上直射与斜射的分界线。北纬23°26′称为北回归线，是阳光在地球上直射的最北界线；南纬23°26′称为南回归线，是阳光在地球上直射的最南界线。

③ 黄道面

黄道面是指地球绕太阳公转的轨道平面，与地球赤道面交角为23°26′。由于月球和其他行星等天体的引力影响地球的公转运动，黄道面在空间的位置总是在不规则地连续变化。黄道面是太阳在天空中穿行的视路径的大圆；也可以说是地球围绕太阳运行的轨道在天球上的投影。

③2 如何划分一年四季

中国传统上以立春（2月4日或5日）、立夏（5月5日或6日）、立秋（8月8日）、立冬（11月7日或8日）为起点来划分四季。但是，各地实际气候的递变与上述季节不一定符合。中国大部分地方立春时在气候上处于隆冬时节，立秋时正处于炎夏。为了使季节与气候相吻合，气候统计工作者一般把农历三、四、五3个月划为春季；六、七、八3个月划为夏季；九、十、十一3个月划为秋季；十二、一、二3个月划为冬季。在气温上对季节的科学划分，是以连续5天为一单元的"候平均温度"作为标准的。按中国四季划分的标准，候平均气温介于10～22℃之间的时期为春季或秋季；稳定在22℃以上的时期为夏

▲ 植被茂盛的夏季

季；低于10℃的时期为冬季。这种反映草木荣枯、花开果熟和鸟兽往来的四季，与人类的耕耘收播、衣食住行密切相关，因而，更受人们重视。

不难看出，一年中的寒来暑往、冷暖不同的季节，是由太阳的直射、斜射引起的。当太阳斜射的时候，照射的面积大，热量分散，地面就冷。另外，昼夜的长短对冷暖变化也有影响。地面白天从太阳光吸收热量，夜间又把白天积蓄的热量散发出去。如果白天长、夜间短，地面白天获得的热量就比夜间支出的多，因此天气就热。

① 立春

立春又称"打春"，是二十四节气之一。立是开始的意思，中国以立春为春季的开始，每年2月4日或5日太阳到达黄经315°时为立春。中国古代将立春的15天分为三候，"一候东风解冻，二候蛰虫始振，三候鱼陟负冰"。

② 节气

节气指二十四时节和气候，是中国古代订立的一种用来指导农事的补充历法。二十四节气分别为：春季的立春、雨水、惊蛰、春分、清明、谷雨；夏季的立夏、小满、芒种、夏至、小暑、大暑；秋季的立秋、处暑、白露、秋分、寒露、霜降；冬季的立冬、小雪、大雪、冬至、小寒、大寒。

③ 太阳高度

太阳高度是太阳高度角的简称，是指对于地球上的某个地点，太阳光的入射方向和地平面之间的夹角。太阳高度角会随着地方时和太阳赤纬的变化而变化，并且是决定地球表面太阳热能数量的最重要的因素。太阳高度越大，地球表面能够获得的太阳热能越多。

33 潮汐现象

到过海边的人，大多都要亲眼看一看壮观的海潮：碧波粼粼的海水，卷起巨大的波涛，向岸边奔腾而来，数小时内，海面竟涨高好几米，又是数小时后，海水退离海岸，海边露出黄澄澄的沙滩。海水这种一会儿上涨、一会儿下落的现象，就是人们常说的潮汐，也叫液体潮。科学上称白天海水的上涨为潮，晚间上涨为汐。

地球、月球和太阳都是宇宙中的一员，它们之间的互有引力，称

▲ 潮汐现象

为"万有引力"。由于万有引力的约束，地球、月球和太阳才有条不紊地沿着一定轨道运动着。月球和太阳对地球的吸引力，再加上地球自转的离心力，影响着地球上的气体、液体、固体以及生物。这种力量称为引潮力。从质量来说，太阳引潮力是月球的2700万倍以上，但从距离来说，月球引潮力是太阳的5900万倍，即月球的引潮力比太阳的引潮力大一倍多，两者之比约为1：0.46。月球对海水的最大引潮力可使海水升高0.563米，太阳的最大引潮力可使海水升高0.246米。当月球、太阳在一条直线上时（每月的初一、十五），两者最大引潮力的合力可使海水升高约0.8米。此时，地球上所有物体都有较明显的潮汐现象。除液体潮外，还有固体潮、气体潮和生物潮。

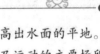

① 沙滩

沙滩就是沙子淤积形成的沿水边的陆地或水中高出水面的平地。随着人类文明的发展，沙滩已成为人们休闲、娱乐及运动的主要场所之一，如海边旅游度假、沙滩排球运动等。沙滩的颜色不只是金黄色，还有白色、黑色和红色等。

② 地球引力

在地球上，我们之所以不会像在太空里一样飘起来，就是由于我们的地球具有吸引一切接近它的物体的能力，这种能力在科学范畴被称为"万有引力"。它是由牛顿因为一只从树上掉下的苹果所引发的思考而提出的。

③ 潮汐发电

潮汐发电原理类似于普通的水力发电，涨潮时将海水储存在水库内，以势能的形势保存，然后在落潮时放出海水，利用高、低潮位之间的落差，推动水轮机旋转，带动发电机发电。

34 固体潮和气体潮

固体地壳在引潮力的作用下，会发生类似涨潮落潮的现象，称为固体潮。由于固体地壳的涨落变化不明显，人们几乎感觉不出来。近几十年来，科学家们把测量地壳潮的仪器放在矿井下或安置在距离海洋很远的地方，以防止大气风暴和大洋潮汐的干扰。通过仪器测得地壳周期性的涨落幅度约为37厘米，但由于各地方的力学性质不一样，实际潮高与理论值有一定的差距。

据研究，在地壳表层产生的固体潮，可以影响地震的发生。许多资料表明，规模大一些的地震，多发生在朔日、望日前后，因为这个时候，月球、太阳对地球的引力最大，固体潮汐最强。

大气在月球引潮力的作用下，也会发生潮汐现象。此外，天空亮度也会受到影响。1946—1948年在瑞典，1948—1953年、1958—1960年在英国，人们观察到晨昏蒙影随月相的变化而变化。

在引潮力的作用下，生物也会发生潮汐现象。据生物节律学家研究，人的情绪同样与朔日和望日有一定关系。

①矿井

矿井是组成地下矿完整生产系统的井巷、硐室、装备和地面构筑物的总称。有时把矿山地下开拓中的斜井、竖井、平硐等也称为矿井。矿井开拓通常以井筒的形式分为平硐开拓、斜井开拓和立井开拓。采用合理的采矿方法是搞好矿井生产的关键。

② 生物节律

生物节律是指以24小时为单位表现出来的机体活动一贯性、规律性的变化模式。生物节律现象直接和地球、太阳及月球间相对位置的周期变化对应。广泛存在的节律使生物能更好地适应外界环境。

③ 瑞典

瑞典位于北欧斯堪的纳维亚半岛的东南部，面积约45万平方千米，是北欧最大的国家。瑞典在两次世界大战中都宣布中立，1950年5月9日同中国建交，是高度发达的先进国家，国民享有高标准的生活品质。

▲ 望日月亮的引力易引发地震

35 地球运动

▲ 地球仪

地球一边自转，一边公转。然而，地球的公转比自转壮观得多，其时速为10.8万千米，比火车快1000倍，比飞机快50倍。地球公转轨道的形状是一个椭圆，太阳不是位于椭圆的正中间，而是在椭圆的一个焦点上。不仅地球轨道如此，其他七大行星的轨道也都是椭圆，太阳同样位于它们椭圆的焦点上。这个规律是开普勒首先发现的，叫作开普勒行星运动的第一定律。

地球围绕太阳公转运动的最重要特点是它总朝着一个方向倾斜着身子，就是说地轴与公转轨道面始终保持着一定的倾斜角，这个倾斜角是66°34′。显然，地球赤道平面与公转轨道平面也是斜交的，它的交角便是23°26′，即地轴与公转轨道面交角的余角。

地球公转运动的这一特点具有重要的地理意义。它是造成地球上气候变化、四季更迭的根本原因。地球以它固有的姿势在公转一圈的过程中，南北半球受太阳照射情况不断变化，于是产生了寒来暑往的循环。当地球以北半球斜对着太阳时，北半球获得的热量较多，就是夏季；当地球公转到另一面，以南半球斜对着太阳时，北半球获得的热量较少，就是冬季；当地球处在两者之间，以赤道附近对着太阳时，南、北半球受热适中。南半球的季节与北半球正好相反。

① 热量差异影响季节变化

在不同的纬度带内，季节变化具有不同的特征。温带四季分明；寒带终年寒冷，但是夏季和冬季的气温差别还是很明显的；热带随季节变化会出现太阳直射的现象，各个季节的温度差异不大，气候主要受到干湿情况和季风的影响。

② 气候

气候是长时间内气象要素和天气现象的平均或统计状态，时间尺度为月、季、年、数年到数百年以上。气候的形成主要是由热量的变化而引起的，气候以冷、暖、干、湿这些特征来衡量，通常由某一时期的平均值和离差值表征。

③ 南半球和北半球

赤道将地球分成两半，赤道以南称为南半球，以北称为北半球。南半球的季节与北半球相反。南半球上陆地面积占19.1%，海洋面积占80.9%；北半球上陆地面积占39.3%，海洋面积占60.7%。

36 地球体积膨胀

科学家们发现，地球正在变大，从地球中心到南极的距离，可能以年均4～5毫米的速度在增大。地球半径扩大的依据是：在标高20米地点的海岸线痕迹周围，发现了5000年前的贝类化石，以此判断海岸线痕迹是以年均4毫米的速度上升的；根据1975年至1992年的观测，南极基地附近的海平面以年均4.5毫米的速度在下降。如果考虑到由于地球的温暖化，世界海平面正以年均1～2毫米的速度上升，即可认为这不是海平面的下降，而是陆地在上升。

在理论上，如地壳隆起1厘米，重力就减少3‰毫伽。根据截止到1995年的观测，重力减少约1%毫伽，表明地球半径增长了数厘米。虽然没有看到5～10年的重力变化，但地球半径正在增大，则是毫无疑问的。

地球体积为什么会膨胀呢？目前有两种认识，其一，地球温暖化造成冰床融解，导致了地表压重减少；其二，太平洋底部的扩张活动，使地心的密度逐渐变小，地球的体积愈来愈大，自转速度降低。在36亿年前，地球上一年约为480天。

① 南极

南极是一块面积约为1261平方千米的广大的陆地，称作南极洲，是地球上最后一个被发现并且唯一没有土著人居住的大陆。在南极洲蕴藏有220余种矿物，但植物却很难生长，偶尔能见到苔藓、地衣等植物。不过，在海岸和岛屿附近有企鹅、海豹、鲸等。

▲ 冰川融化

❷ 化石

化石是存留在岩石中的古生物遗体或遗迹，最常见的是骸骨和贝壳等。分为实体化石、遗迹化石、模铸化石、化学化石、分子化石等不同的保存类型。研究化石可以了解生物的演化并能帮助确定地层的年代。

❸ 海平面

海平面是海的平均高度，指在某一时刻假设没有波浪、潮汐、海涌或其他扰动因素引起海面波动，海洋所能保持的水平面。冰川的消融、海底地势构造的改变、大地水准面的变动都影响并控制着海平面的情况。

37 地球体重和温度变化

▲ 南极科考车模型

　　1884年，牛顿计算出在24小时内，整个地球上肉眼可以看得见的流星足足有2000万颗。在卫星外壳后面安装有敏感拾音器的卫星计数指出，每天有300~20 000吨流星物质进入大气，其中有5/6构成极小的"微流星"，且有一部分落到地球上来。

　　1957年，有人在远离工业尘埃的地方取回空气样品，发现每年约有500万吨陨石尘埃落到地球上。1964年，又有人把仪器放在气球里升上空中，取得陨石尘埃的数字表明，每年降落到地球上的陨石尘埃有400万吨。这是一个多么惊人的数字，但对庞大的地球来说，也可以说是微不足道的。然而，降落到地球上的这些"宇宙灰尘"，在5亿年后，使地球体重增加10%～15%，这将引起昼夜交替和气候的变化。

自1850年以来，全球平均气温上升了0.5℃，海平面升高了15厘米。对南极洲东方角冰层钻探试样分析得到近20万年地球气候演变的记录，全球气候已被证明自一个半世纪以来一直在变暖。预计在以后的100年中，南极洲的冰块一部分将会融化，且使海平面升高。

① 牛顿

牛顿是人类历史上出现过的最伟大、最有影响力的科学家，同时也是物理学家、数学家和哲学家。他在1687年发表的论文《自然哲学的数学原理》里，对万有引力和三大运动定律进行了描述。这些描述奠定了此后三个世纪里物理世界的科学观点，并成为现代工程学的基础。

② 钻探

钻探是用钻机设备从地表向地下钻进成孔，从而达到要求的工程施工工程。根据钻探的目的可分为：石油钻探、地质钻探、水文水井钻探、工程勘察钻探、地热钻探、文物勘察钻探等。所用钻机主要分为回转式钻机、冲击式钻机、复合式钻机。

③ 拾音器

拾音器是用来采集现场声音的一个配件，是一种靠接收声音振动，将声音放大的电声学仪器。拾音器被广泛应用于中国航空航天、国防重点工程、军事指挥系统、军用电子装备、高铁列车车厢、银行金融系统、证券交易所、监狱监仓、探访室、公检法审讯室等各个领域。

38 进动

　　地球的自转运动和公转运动同我们的关系十分密切，白昼与黑夜的交替，一年春夏秋冬四季的变化，都是我们所能直接感觉到的。同时，地球还有一种不被我们感觉的运动——进动，也同我们不无关系。

　　玩过陀螺的人知道，当飞转的陀螺倾斜时，旋转轴就绕着同地面垂直的轴线画圆锥面。地球引力有使陀螺倾倒的趋势，而陀螺本身旋转运动的惯性又使它维持不倒，这时陀螺轴便在引力的作用下发生缓慢的摇晃。这就是陀螺的进动。地球好比一个旋转的大陀螺，但它所受的"引力"与陀螺有所不同，地球主要受月球和太阳的吸引。如果地球是一个正球体，吸引力就集中在球心，但实际上，地球是一个赤道部分突出的椭球体，这突出部分便受到月球和太阳的"附加吸引"。由于月亮和太阳基本不在赤道面内，附加吸引就有使地球赤道面向轨道面重合，地轴向轨道面直立的趋势。但地球的自转惯性使它们不会重合，就使得地球像倾斜的陀螺一样，发生缓慢的晃动，人们把这种晃动叫作进动。不过，地球进动的方向跟陀螺不同，陀螺进动方向与它自转的方向一致，而地球的进动方向却与地球自转方向相反。这是因为陀螺有"倾倒"的趋势，地球有"直立"的趋势。

① 陀螺

陀螺是中国最早的娱乐项目，形状略像海螺，多用木头制成，下面有铁尖。玩时用绳子缠绕，然后用力抽绳，使其直立旋转。有的陀螺用铁皮制成，利用发条的弹力使其旋转。从中国山西夏县新石器时代的遗址中，就发掘了石制的陀螺。可见，陀螺在中国最少有四五千年的历史。

② 球体

球体是空间中到定点的距离小于或等于定长的所有点组成的图形，简单地说就是球形的物体，如篮球、足球、台球、排球、高尔夫球等。世界上没有绝对的球体，绝对的球体只存在于理论中。

③ 惯性

我们把物体保持运动状态不变的属性叫作惯性。惯性是一切物体固有的属性，无论是固体、液体或气体，无论物体是运动，还是静止，都具有惯性。惯性的大小只与物体的质量有关。

▲ 陀螺

39 进动的影响

　　地轴的进动非常缓慢，大约258万年沿圆锥面晃动一周。地轴方向的改变，必然要引起"北极星"的改变。例如，4600年的北极星就不是现在的勾陈一，而是天龙星座的α星；再过116万多年，即136万年时，我们子孙后代看到的北极星将是光辉夺目的织女星。航海家依靠北极星定位方向而在海上航行。许多人以北极星为指向，在深山旷野中旅行，所以地轴的晃动将会影响航海和野外作业。

　　地轴进动的另一个后果是由于地球赤道面的空间方向不断改变，天赤道和黄道，即地球赤道和轨道在天球上投影的两个交点——春分

▲ 地球进动会影响航海

点和秋分点，会沿着黄道缓慢西移，大约每年西移的角度为50″。春分点西移的结果，会使太阳回归运动的周期，即回归年，短于地球的公转周期。地球的公转周期叫恒星年，是365年6时9分95秒；回归年是365天5时48分46秒。因此，人们通常所说的"地球公转一周是一年"，并不是十分确切。

天文学家规定，天球以地球为球心，以无限远为半径，日月星辰都在这天球上；天球坐标和地球坐标差不多，天赤道同地球赤道含义相同。

① 北极星

北极星属于小熊星座，距地球约400光年，是在夜晚能看到的亮度和位置较稳定的恒星。由于北极星最靠近正北的方位，是北方天空的标志，故千百年来人们靠它导航。天文学家根据地轴摇摆和恒星引力计算，到2100年，北极星将到达离北极点正上方最近的位置。

② 织女星

织女星是天琴座的主星，为天空中最亮的恒星之一，位于夏季大三角的直角顶点上。织女星的直径是太阳直径的3.2倍，体积为太阳的33倍，质量为太阳的2.6倍，表面温度为8900℃，呈青白色，距离地球大约26.5光年。

③ 航海

航海是人类在海上航行，跨越海洋，由一方陆地到另一方陆地的活动。人类在新石器时代晚期就已有航海活动，当时中国大陆制造的一些物品在大洋洲以至厄瓜多尔等地均有发现。公元前4世纪，希腊航海家皮忒阿斯就驾驶舟船从今马赛出发，由海上到达易北河口，成为西方最早的海上远航。

40 地球自转

在浩瀚的宇宙空间，弥漫着无数的天体物质。我们的地球只不过是宇宙中的一颗渺小的星球，是太阳系行星家族中普通的一员。

地球在围绕太阳公转的同时，也在绕着地轴自转。地轴在空间的方向相当固定，它的北端就是地球北极，目前总指着小熊星座的α星，民间称为北极星。北极星距离我们非常遥远，任凭地球运行到哪里，无论是傍晚还是黎明，也无论是冬季还是夏季，北极星总是在正北方的天空上。

地球的自转方向是自西向东的。日月星辰东升西落，就是地球自西向东转动的结果。由于地球的自转，常使它的某一面对着太阳，而另一面则背向太阳。这样，对着太阳的一面就是白昼，而背着太阳的那一面就是黑夜。昼夜就是这样形成的。

地球的自转，赤道地区的线速度最快，每秒为465米，两极的线速度为零。由于地球赤道周长约等于4万千米，旋转一周即8万多里，所以有"坐地日行八万里"之说。

① 星球

星球就是由各种物质组成的巨型球状天体。星球可分为恒星、行星、矮行星以及太阳系小天体等。其中，矮行星不属于卫星，是围绕太阳运转、不能够清除其轨道附近的其他物体的圆球状天体。

▲ 北斗七星和北极星位置图

② 寻星方法

可以先寻找北斗七星，再通过北斗七星来找北极星。北斗七星属大熊星座的一部分，从图形上看，北斗七星位于大熊的背部和尾巴。将斗口的两颗星相连，并朝斗口方向延长约5倍远，就找到了北极星。

③ 小熊星座

小熊星座是距北天极最近的一个北天星座，它指示着北天极的所在。小熊星座中最亮星α星即目前的北极星。把小熊星座中的七颗亮星连接起来，能构成与大熊座的北斗七星相类似的一个斗形，因此这七颗星也被称作小北斗。

41 地球自转对时间的影响

　　珊瑚虫每天分泌出一些碳酸钙，在躯壳上形成一条细小的日纹。现代珊瑚每年有360多条日纹（一年360多天）；而18亿年前的震旦纪，一年就有450天；距今6亿年前的寒武纪，一年有424天；距今4亿年前的泥盆纪，一年有400多天。当时每年的天数多，但每天的时间却比现在的一天短。根据古代日全食的记载，近2000年来，每世纪日长增加约0.001 6秒，也就是说大约每100年日长改变1/‰秒。如果以此推断，地球自转速度减慢的趋势还将长期继续下去，在遥远的将来，一天会变得更长，从而改变地球环境。

　　地球自转减慢，致使每天的时间变长，一年的时间变短。地球每天的时

▲ 古代天体测量仪——浑仪

间都比前一天延长了1/700秒，每过一年，一天的时间就要延长半秒，每过一世纪，大约延长1分钟。每年的天数从过去400多天，减少到目前的约365天。

地球自转变化有一种表示方法，即天文观测一天长度（日长）。日长增加，表明地球自转速度减慢；日长减少，说明自转加快。由于受月球引潮力的影响，每100年地球自转速度平均减慢2毫秒，也就是日长增加2毫秒。按此计算，近2000年来，地球自转累计减慢了2小时左右。

① 珊瑚

珊瑚是珊瑚虫分泌出的外壳，化学成分主要是碳酸钙。珊瑚虫是一种海生圆筒状腔肠动物，有8个或8个以上的触手，触手中央有口，在白色幼虫阶段便自动固定在先辈珊瑚的石灰质遗骨堆上。珊瑚虫种类很多，是海底花园的建设者之一。

② 碳酸钙

碳酸钙俗称石灰石、石粉，是一种无机化合物，呈中性，几乎不溶于水。它是地球上的常见物质，存在于霰石、方解石、白垩、石灰岩、大理石、石灰华等岩石内。

③ 天文学

天文学是观察和研究宇宙间天体的学科，它研究天体的分布、运动、位置、状态、结构、组成、性质及起源和演化，是自然科学中的一门基础学科。它与其他自然科学的一个显著不同之处在于，天文学的实验方法是观测，通过观测来收集天体的各种信息。

42 地球自传对气候的影响

据200年的观测数据表明，一年四季，地球自转速度变化规律是冬慢夏快，这主要是由气候引起的，冬季冷空气使地球自转减速，夏季暖空气使地球自转速度变快。

地球自转速度的快慢变化，也可以引起气候的较大变化。研究发现，地球自转3～5年后突然减慢时，如同刹车时车上人或物仍往前的惯性一样，随地球运转的海水也由西往东向前运动，从而使深部海水上翻减弱，海水表面水温上升，海水升温使整个地球气温上升。海水的这一变化尤其会导致赤道东太平洋海域海水表面温度骤然增高，使这一广阔的冷水区变成了异常高温水区。在那儿形成的热气团把大量雨水带到哪里，哪里就会发生洪涝灾害。科学家们把这种现象称为厄尔尼诺现象。

厄尔尼诺为西班牙语，意为"圣婴"，现在特指秘鲁、厄瓜多尔沿海在圣诞节前后发生的海水增温现象。从1956年至1985年间，厄尔尼诺现象共发生了7次，其中6次发生在地球自转速度急剧减慢的第二年，一次，即1965年那次，发生在1963年厄尔尼诺年后，地球自转速度继续大减慢的翌年。厄尔尼诺发生后，全球气候异常变化，除洪涝灾害外，还有夏季低温冷害。

▲ 地球自转减慢会引发洪涝灾害

① 厄尔尼诺现象 ▶

　　厄尔尼诺就是从南美洲太平洋沿海向西，一直到国际日期变更线这一水域的海水温度不正常升高的现象。在南美洲的秘鲁、厄瓜多尔沿海地带，海水温度随季节的变化而变化，在圣诞节前后海水本来应该变冷，但是某些年份海水却在这个季节突然异常增暖。

② 太平洋 ▶

　　太平洋是位于亚洲、大洋洲、美洲和南极洲之间的世界上最大、最深和岛屿最多的大洋。太平洋约有岛屿1万个，总面积440万平方千米，约占世界岛屿总面积的45%。

③ 秘鲁 ▶

　　秘鲁全称秘鲁共和国，是南美洲西部的一个国家，北邻厄瓜多尔和哥伦比亚，东与巴西和玻利维亚接壤，南接智利，西濒太平洋，为南美洲国家联盟的成员国。

43 地球自转的周期性

▲ 春天地球自转变慢

近100年来，地球自转速度也有快慢性变化。20世纪初，自转速度最慢；到了30～40年代，自转加快；进入60年代后期、70年代前期，自转又变慢；跨入80～90年代，自转又变快；估计2020年以后，自转又将变慢，2050年左右地球自转速度将加快，此后自转又将变慢。这就是地球自转速度变化的周期。地球自转的周期性变化还可以体现在一年内的小变化上，一般来说，春天地球自传变慢，秋天地球自转加快。

这种周期变化与气候冷暖周期变化是同步的。地球自转变慢时，气候就变冷，干旱加重，火山爆发强烈，地震活动增加；自转变快时，气候变暖，雨水增多，干旱减轻，地震和火山活动变弱。

地球自转决定了我们人类每天的活动规律。地球自转的小小变化，将引发全球气候的巨大改变，生物的巨大改变，人类文明的巨大改变。

多数人认为，20世纪80年代以来，气候变暖主要是由二氧化碳浓度增大造成的，而地质学家认为，地球气候变化是多因素作用的结果。当然，我们也不能忽视人类活动的大背景——地球运动。

① 地质环境

地质环境是自然环境的一部分，是指组成岩石圈的接近地表部分的岩石、水和土壤。它是人类赖以生存和生活的客观地质实体。它的上界是地壳表面，下界是人类工程——开掘工程、钻孔所达到的深度。因此，地质环境是能够被人们所利用产生经济效益的，也就是说，地质环境可以成为资源。

② 周期性

事物在运动、变化过程中，某些特征多次重复出现，其连续两次出现所经过的时间叫周期。在医学上，周期性指反复发作，病程中出现发作期与缓解期交替出现的情况。

③ 全球气候变暖

全球气候变暖是一种自然现象。这一现象发生的原因，除了地球正处于温暖期及地球公转轨迹的变动外，人为因素占主导地位。人们对森林的肆意砍伐，对化石矿物的大量焚烧，致使焚烧时产生的二氧化碳等多种温室气体不能及时、充分地被净化，累积于大气中，这些温室气体则是导致全球气候变暖的罪魁祸首。

44 地磁移动的巨大影响

古地磁学工作者发现，地球的磁北极和磁南极在亿万年前常有倒转现象。因此，科学上以古地磁方向与现今地磁场的极性方向做比较，如果二者一致，即古地磁的北极方向同现今地磁场的北极方向一致，就叫正向；若二者完全相反，即古地磁的北极方向同现在地磁场的北极方向完全相反，就叫反向。在漫长的地质历史上，地球磁场的极性不止一次发生过改变。研究证明，在32亿年以前，古地磁极同现在的地磁极是反向的，也就是说，现在的磁北极正是那时的磁南极；从32亿年前到24亿年前，古地磁极同现在的地磁极又是正向；24亿年前到6900万年前的古地磁极又同现今地磁极相反；从6900万年前到今天，古今地磁极又相一致。

对古地磁学的考察表明，地球磁极的倒转至少已经发生过12次，每50万~100万年发生一次。最近根据人造卫星仪器的测量，推算地球磁场的极性大约从21世纪初开始，在1200年后完全发生倒转，即北磁极变为南磁极。到那时，就会像乐府诗中写的那样，出现"正南看北斗"的奇异景象。

① 磁极

磁极是磁体两端吸引钢铁能力最强之处，分为南极（S极）和北极（N极）。一个磁体无论有多小都有两个磁极。可以在水平面内自由转动的磁体，静止时总是一个磁极指向南方，另一个磁极指向北方。

② 磁场

磁场是一种看不见而又摸不着的特殊物质，它具有波粒的辐射特性。磁体周围存在磁场，磁体间的相互作用就是以磁场作为媒介的。磁场的基本特征是能对其中的运动电荷施加作用力，即通电导体在磁场中受到磁场的作用力。

③ 古地磁

古地磁，又称自然剩磁，是指人类史前（地质年代）和史期的地磁场。古地磁一般分为两种：岩浆岩中带磁性矿物所表示的磁性，称热剩磁；沉积岩中带磁性物质所表示的磁性，称沉积剩磁。利用古地磁可了解地球的长期变化，测定一个板块上的地极游移及一个地区的磁极倒向，并用以对比岩石形成的时代。

▲ 地磁取样

45 磁极消失的灾难

丹麦气象研究所对格陵兰岛进行的测量表明，过去一年中，地磁场北极北移了20千米，移动速度比上一年快了1/10。有关地磁场的其他一些观测表明，在过去100年中，地磁场北极向地球地理北极方向移动的距离已经超过了1000千米。统计还显示，在过去10年中地磁场的强度下降了1%左右。丹麦气象研究所的科学家认为，这些现象有可能是地磁场南北极将迎来又一次倒转的先兆。

科学家豪德和麦林在《自然》杂志上撰文预测，下一次磁极倒转可能发生在2030年。目前我们还无法知道磁极移动所需要的时间，但

▲ 地磁消失影响飞机航行

是根据理论可以认为，磁场强度转化为零，是在某一时刻一瞬间发生的。不过实际上，通过对岩石的地质学调查推测，这一过程至少需要几十年或是几个世纪的时间。在这一现象发生的过程中，磁极在发生倒转前强度将增至最大，从这时到磁极倒转后强度重新增至最大，大约需要两万年。

一旦地球磁场消失（这是倒转过程中的现象），即有一段磁场为零的时期，这将给地球带来不小的灾难。指南针失灵，航海、航空无法测定方向；地磁场失灵，太阳的紫外线以及各种宇宙射线可长驱直入地球表面，灼伤人的皮肤，生物在磁极移动过程中将会发生生态变异，有的甚至灭绝。

① 气象

气象就是指发生在天空中的风、云、雨、雪、霜、露、虹、晕、闪电、雷等一切大气的物理现象。气象对于农业、航空、军事、交通、工业以及保险行业都有影响。世界气象组织为了纪念世界气象组织的成立和《国际气象组织公约》生效日，设定每年的3月23日为"世界气象日"。

② 磁场强度

单位正电荷在磁场中所受的力被称为磁场强度。后来安培提出分子电流假说，认为并不存在磁荷，磁现象的本质是分子电流。

③ 磁极倒转

地球并不稳定，根据地球内部的变化磁场也在做相应调整。根据各年代地球岩石被地球磁场磁化的方向，人们得出结论：地球曾经多次发生磁极倒转。约6亿年前的前寒武纪末期到约5.4亿年前的中寒武世，地球磁场是反向磁场；3.8亿年前的中泥盆世，则是正向磁场。

46 陨石坑（一）

　　宇航员在太空用天文望远镜回望地球时，发现地球表面有许多伤痕，其中有很多是陨石坑。陨石坑是行星、卫星、小行星或其他天体表面由于陨石撞击而形成的环形的凹坑。

　　近年来人们从航天器发回的大量地球照片上清楚地发现，地球表面有一种地形，中央是一块平地或稍微凸起的山丘，四周高起成山，呈环形分布，人们称它为环形山。山的内壁陡峭，外缘较缓，高度在300～700米之间。环形山规模不一，有的直径大于100千米，有的只有几米。从太空看来，这些环形山就像夏天冰雹打在软泥上的雹痕一样，都是一个一个的圆坑。

　　1972年，有人在欧洲和澳大利亚发现了10个环形山，形状多呈圆形或椭圆形，最大的直径在40千米以上，小的直径只有两千米。有的被水充填，水深30～35米，构成了现代湖泊。就全球范围来说，这种环形山已被发现100多个，其中有40个保存完整，另外30多个已被风化侵蚀，周壁和中央丘只依稀可见。

　　1982年以来，中国先后发现了4个陨石坑，它们是内蒙古自治区与河北省交界处的多伦陨石坑、广东省新兴县的内洞陨石坑、广东省始兴县龙斗峰陨石坑、吉林省九台市上河湾陨石坑。

▲ 天文望远镜是观测天体的重要手段

① 天文望远镜

　　天文望远镜是观测天体的重要工具。随着望远镜在各方面性能的改进和提高，天文学也飞速发展，加快了人类对宇宙的认识。用能看多远来评价一台光学仪器是错误的，应该衡量的是能看多清楚。

② 雹

　　雹是直径为5毫米至10厘米的落向地面的冰球或冰块。直径小于5毫米的小冰雹又称冻雨或冰丸。冰雹是雷雨云中水汽凝华和水滴冻结形成的产物。雹形成时需要有强上升气流的对流云（如积雨云），因此常伴有雷暴。

③ 侵蚀

　　侵蚀是指在风、浪等因素的作用下，岸滩等暴露在外边或与这些因素相接触的部分，表面物质被逐渐剥落分离的过程。侵蚀作用是一种自然现象，可分为风化、磨蚀、溶解、浪蚀、腐蚀以及搬运作用。

47 陨石坑（二）

▲ 陨石

　　地球从它诞生的那天起，已经有46亿年的历史了。在这漫长的岁月里，太阳系内的流星、彗星和小行星等天体，不断地向地球飞来，撞击着地球表面。一颗直径几千米、几十千米甚至几百千米的陨石，对地面的冲击力是难以想象的。

　　在美国亚利桑那州科科尼诺县的沙漠里，有一个直径达1300米，深达180米的巨坑，周围有一个30～45米高的泥土边缘。长期以来，人们对它产生了种种猜想，有人说它是一个熄灭了的火山口，但是一个名叫巴林杰的采矿工程师坚持认为，它是陨石砸成的圆坑。有许多事实支持了他的观点，如人们在巨坑周围8千米以内的地方，曾经找到过很多陨铁碎片，它的主要成分是铁，并含有73%的镍。1960年，又在这里发现了地球上没有的，只有当陨石撞击地球时才能产生的具特殊结构的二氧化硅。这就进一步证明了这个巨坑是由陨石撞击地球造成的。据测试，它是在25万年前形成的。

德国气象学家、地质学家魏尔纳曾用水泥做模拟试验，以说明地面上的环形山是陨石撞击而成的陨石坑。

① 沙漠

沙漠是指地面完全被沙覆盖、植物非常稀少、雨水稀少、空气干燥的荒芜地区。地球陆地的1/3是沙漠。沙漠地域大多是沙滩或沙丘，沙下岩石也经常出现，泥土很稀薄，植物也很少。有些沙漠是盐滩，完全没有草木。沙漠一般是风成地貌。

② 镍

镍元素是克郎斯塔特于1751年发现的，它是具有铁磁性的金属元素，它能够被高度磨光，抗腐蚀。主要用于制作合金及用作催化剂，还可用来制造货币等，镀在其他金属上可以防止生锈。

③ 二氧化硅

二氧化硅又称硅石，白色或无色，含铁量较高的呈淡黄色，不溶于水，微溶于酸，呈颗粒状态时能和熔融碱类起作用，在自然界分布很广，如石英、石英砂等。二氧化硅是制造玻璃、石英玻璃、水玻璃、光导纤维、电子工业的重要部件、光学仪器、工艺品和耐火材料的原料，是科学研究的重要材料。

48 太空垃圾

太空垃圾是人类进行航天活动时丢弃的各种物体和碎片，例如失效的人造卫星、多级航天火箭的残骸以及其他碎片。其数量正以每年2%～5%的速率增加。

这种飘浮在宇宙空间的垃圾和人造地球卫星一样，也按一定的轨道绕地球旋转，其中的多数停留在距地球表面200～1000千米的地球轨道上。

太空垃圾大致可分为三种类型：

一类是用现代雷达能够监视和跟踪的比较大的物体，如各种人造卫星、卫星保护罩、各种部件等。这类垃圾估计达8000个，预计到2150年，在500千米以下的地球轨道上，将达到约1万个。

另一类是个体较小、无法用地面雷达监视和跟踪的各类小碎片，主要是由卫星、火箭发动机等在空间爆炸产生的，其数量无法计数。

还有一类是核动力卫星及其产生的放射性碎片。截至2010年，这类卫星送到地球轨道上的核燃料达到了3吨。

① 核动力卫星

核动力卫星是使用核电源的人造地球卫星。人造卫星使用核电源具有适应能力强、空间飞行阻力小等特点，适用于某些军用卫星和行星探测器。由于卫星坠毁时会对大气和地球造成污染，故核电源的使用会受到限制。

② 雷达

雷达是利用电磁波探测目标的电子设备。各种雷达的具体用途和结构不尽相同，但基本形式是一致的，包括发射机、发射天线、接收机、接收天线、处理部分以及显示器，此外还有电源设备、数据录取设备、抗干扰设备等辅助设备。

③ 核燃料

核燃料是可在核反应堆中通过核裂变或核聚变产生实用核能的材料。核燃料在核反应堆中"燃烧"时产生的能量远大于化石燃料，1千克铀-235完全裂变时产生的能量约相当于2500吨煤。核燃料燃烧所产生的各种放射性废料要严加管理和妥善处置，以确保环境安全。

▲ 太空垃圾

49 太空垃圾的*危害*

太空垃圾的不断增多，不仅污染了宇宙空间，同时也给航天飞行带来威胁，给人类带来灾难。航天局估计，在空间站的建设和使用期间，这些正在环绕地球轨道上高速飞行的"垃圾"，击穿空间站外壳的可能性约是1/5，即如果建5座空间站，那么其中就会有1座要承受残片致命的撞击。

据日本宇宙航空学会报告，目前可能给人类宇宙活动带来危险的直径在1毫米以上的太空垃圾已有数万个，可以追踪到的较大的物体有7025个，其中人造卫星等1989个，太空垃圾为5036个。

▲ 火箭残骸也会成为太空垃圾

据报道，被人们誉为"太空千里眼"的"哈勃"望远镜，自1990年发射上天以来，已在太空飞行了近16亿千米。美国宇航员于1997年2月17日晚，在太空中为它进行"升级换代"手术时发现，在太空飞行7年以后，"哈勃"望远镜表面的绝缘层已出现了许多裂缝。

另据报道，在地球轨道上飞行的美国"发现"号航天飞机和停放在这架航天飞机货舱里接受检修的"哈勃"太空望远镜于1997年2月16日平安地躲过了一块书本大小的太空垃圾。这块20平方厘米大小的太空垃圾，是美国军方1994年发射的"飞马"号火箭爆炸后的碎片。这块碎片是美国正在跟踪的8014块太空碎片中的一块。

① 中国国家航天局

中国国家航天局是于1993年4月22日经批准成立的非军事机构，其主要职能是负责研究拟定国家航天政策和法规；制定国家航天发展规划、计划和行业标准；重大航天科研项目的组织论证与立项审批，负责监督、协调重大航天科研项目的执行；航天领域政府及国际组织间的交流与合作。

② 空间站

空间站又称航天站、太空站，是一种在近地轨道长时间运行，可供多名航天员巡访、长期工作和生活的载人航天器。

③ 绝缘

所谓绝缘，就是使用不导电的物质将带电体隔离或包裹起来，以起保护作用的一种安全措施。通常可分为气体绝缘、液体绝缘和固体绝缘三类。在实际应用中，固体绝缘仍是使用最广泛且最为可靠的一种绝缘物质。

50 通古斯之谜

1908年6月30日，俄罗斯部分居民看见一个巨大的天体，拖着长长的烟火尾巴，伴随着排炮似的爆炸声，飞过天空，消失在地平线外。随后，西伯利亚西起叶尼塞河、东至勒拿河地区发生了3次强烈的爆炸，伊尔库茨克地震站测定，其爆炸当量相当于1000万～1500万吨TNT炸药。爆炸后的几天里，东至勒拿河，西至爱尔兰，南至塔什干、波尔多（法国）一线的北半球广大地区，连续出现了白夜现象。

爆炸过后若干年，科学家们在叶尼塞河中下游和勒拿河支流维季姆附近，先后发现了3个与月球火山口相似、直径为90～200米的爆炸

▲ 天文台

坑和一片面积约2000平方千米的被冲击波击倒的原始森林。在随后的探险考察中，科学家们还发现爆炸地区土壤被磁化，1908年至1909年的树木年轮中出现放射性异常，某些动物出现遗传变异。

有人认为那是一次巨大的陨石坠落；有人认为那是彗星中的固体物质爆炸；有人说那是反物质团块或球形闪电的爆炸；还有人提出那是一次热核爆炸，甚至是外星人叩打地球之门的一次失败尝试。每一种说法似乎都有一定的事实和论据支持，但都不能圆满解释爆炸时发生的一系列神奇现象，这次爆炸便成了世纪之谜。

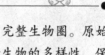

① 原始森林

原始森林是指天然形成的、未遭到人的破坏的完整生物圈。原始森林能给野生动物提供广阔的生存空间，具有维持生物的多样性、保持生态平衡的作用，此外，它还能净化空气、调节气候、涵养水分、保持水土、增强土壤肥力等。

② TNT

TNT是三硝基甲苯的缩写，是一种黄色炸药，有毒性，240℃时会爆炸。人接触三硝基甲苯后局部皮肤会被染成橘黄色，一周左右接触部位发生皮炎，表现为红色丘疹，以后丘疹融合并脱屑。短期内吸入高浓度的三硝基甲苯粉尘，可在数天后发生发绀、胸闷、呼吸困难等高铁血红蛋白血症。

③ 西西伯利亚

西西伯利亚位于俄罗斯西部，北临北冰洋，西起乌拉尔，东到叶尼塞河，面积约300万平方千米。煤炭、石油、天然气、铁、有色金属、森林和水力资源丰富，有著名的秋明油田和库兹涅茨克煤田。

51 陨石、巨冰撞击说

▲ 探索宇宙的科学仪器

    对于通古斯大爆炸，目前比较流行的说法有两种：一种是流星陨石说，一种是巨冰说。流星说的主要依据是爆炸后留下了三个环形的火山口似的爆炸坑，只有流星陨石的撞击才能形成那么巨大的坑。但令人不解的是，数十年来科学家们搜遍爆炸区的所有角落，都没有找到一块残存的陨石。

    鉴于此，一些科学家提出了巨冰说。1986年，宇宙探测器在探测哈雷彗星彗核时发现，宇宙中有无数巨大的冰山状天体在运动，这些天体由冰块和固态甲烷及其他碳氢化合物组成。有些学者认为,90多年前光顾西伯利亚的天外来客正是这种含有碳氢化合物的巨大冰块。这种冰块在穿过稠密的大气层时,其比较疏松的部分首先汽化燃烧而发生爆炸,于是地面上的人们看到了熊熊燃烧的火团,听到了排炮似的爆炸声。爆炸使冰块比较坚实的部分分裂,四散不息,最后在不同的地方撞击地面,再次发生猛烈爆炸和燃烧,使地面产生强烈震感,并在不同地方形成多个外形完全一样的爆炸坑,但没有留下任何陨石碎片。但是,这种说法又解释不了为什么爆炸会引起地磁和放射性异常以及生物的遗传变异。

❶ 火山口

火山口是指火山喷出物在喷出口周围堆积,在地面上形成的环形坑。火山口的深浅不等,一般不过二三百米,直径一般在一千米以内;底部直径短,仅大于下面的火山管。当火山喷发的时候,岩浆会从火山口冲出来。

❷ 冰山

冰山是漂浮在海中的巨大冰块。极地大陆冰川或山谷冰川末端,因海水浮力和波浪冲击,发生崩裂,滑落海中而成,通常多见于北美洲的格陵兰岛周围。冰山非常结实,加之极地的低温环境下金属的强度降低,因此低温为极地海洋运输中的极端危险因素。

❸ 甲烷

甲烷是天然气、沼气、油田气及煤矿坑道气的主要成分,在自然界分布很广。它是无色、无味、可燃和微毒的气体,比空气约轻一半,极难溶于水。甲烷对人基本无毒,但浓度过高时,空气中氧含量明显降低,使人窒息,皮肤接触液化的甲烷,可致冻伤。

小天体偷袭地球

据资料记载，20世纪曾发生过小天体偷袭地球的情况。

1908年6月30日7时17分，一颗比太阳更耀眼的大火球在俄罗斯西伯利亚通古斯上空8千米处爆炸，虽无明显的放射性，但其强大的冲击波与高温大火，顷刻之间便摧毁了约2000平方千米的森林。据计算得出，它是由一颗直径为60米的小行星与地球相撞产生的。

1972年8月10日，一颗火球飞越美国加州和加拿大西部上空后离开了地球。不少目击者听到了它从58千米上空传来的隆隆声响，美国空间红外探测器也记录了这一事件。后来得知，作祟的不过是直径为10米、质量为几千吨的小行星。但倘若这颗小行星落下来，爆炸当量也相当于至少2～3颗广岛原子弹。

1994年7月20日，人类有史以来观测到太阳系的一次最大的爆炸，即"苏梅克—利维9"号彗星撞击木星。当这颗彗星接近木星时，木星以其强大的引力吸引彗星，于是彗星冲向木星，不惜以"香消玉殒"来换取这一迷人的"太空之吻"。对此，不少人暗自祈祷，希望地球的"魅力"不要像木星这样大，近地小行星也不要像"苏梅克—利维9"号这般"痴情"才好。今后地球是否会有与此相似的遭遇无人知晓。

① 原子弹

原子弹是利用核反应的光热辐射、冲击波和感生放射性造成杀伤和破坏作用，并造成大面积放射性污染，阻止对方军事行动以达到战略目的的大杀伤力弹式核武器，可分为裂变武器和聚变武器。

② 森林

森林有"人类文化的摇篮""绿色宝库"等美称，是一个树木密集生长的区域。这些植被覆盖了全球大部分的面积，是构成地球生物圈的一个重要方面，其结构复杂，并具有丰富的物种和多种多样的功能。森林除提供木材、食物、药材等资源外，还有改善空气质量、涵养水源、缓解"热岛效应"等作用。

③ 红外线

近年来，红外线在军事、人造卫星以及工业、卫生、科研等方面的应用日益广泛，因此，红外线污染问题也随之产生。红外线是一种热辐射，对人体可造成高温伤害。

▲ 天体仪

53 警惕小行星撞击地球

▲ 天文观测基地

1993年1月至4月，先后在美国和意大利召开了"彗星、小行星撞击地球危险性""关于小行星撞击的埃里斯宣言"国际研究会议。会议认为，彗星流窜爆炸再次警告人类，小行星与彗星直接撞击地球的危险明显存在，而且后果惊人，人们必须制定并实施应对之策。

有材料记载，据不完全统计，宇宙中直径在100～2000米的小行星，最少也有3317万颗。人类已经发现的200颗小行星和彗星，只不过是常常飞到地球轨道周围的一小部分。如果直径为2000米左右的石质小行星与地球相撞，其爆炸当量相当于1万亿吨TNT。它除了可以直接摧毁100万平方千米的地区以外，还会将大量的亚微尘抛向同温层，其全球性厚尘埃层将阻断植物的光合作用，形成类似核冬天的"星击之冬"，从而造成全球性的粮食大幅度减产，引发大范围饥荒和疾病流行，估计造成的损失会达200万亿美元之多，并严重危及地球1/4的生命。

对此，美国"氢弹之父"泰勒博士于1993年4月在意大利埃里斯，与各国专家研究讨论了用核爆炸装置对付近地球小天体威胁的问题。在此前，美国宇航局还提出了建立空间警戒搜索网的建议。国际天文联合会已成立了"近地天然天体工作组"，专门协调全球性近地小行星和彗星的监视和研究。

❶ 同温层

同温层又称平流层，位于对流层之上，即离地表高度10～50千米的区域，但由于极地的地面气温相对较低，极地的平流层出现的高度较低。平流层温度变化趋势与对流层相反，随高度的升高，气温是上升的，且其中没有水汽，晴朗无云，很少发生天气变化，故我们平时所乘坐的飞机一般都在该层底部飞行。

❷ 中国氢弹之父

于敏被称为"中国氢弹之父"，他与合作者一同完成的《关于重原子核的壳结构理论》等多项研究工作，达到相当高的水平。特别是他与合作者提出的原子核结构可以用玻色子近似的观念来逼近的观点，被钱三强称为"填补了中国原子核理论的空白"。

❸ 国际天文联合会

国际天文联合会是世界各国天文学术团体联合组成的非政府性学术组织，成立于1919年。其宗旨是组织国际学术交流，推动国际协作，促进天文学的发展。中国天文学会于1935年加入国际天文学联合会。

54 小天体将至

▲ 天体仪

在太阳系里，有数十万个小行星体，还有数百颗彗星，它们平常各自在自己的轨道上运行。然而，有些小行星和彗星的轨道，与八大行星轨道往往有交叉现象。专家们预测，21世纪将有小行星和彗星运行到轨道交叉处，与地球近遇，可能会给地球带来一些变异。目前，全世界的天文学家们都在关注着深邃的天空。

据预测，在21世纪小行星与地球近距离（小于300万千米）相遇将会有7次之多。其中编号2340号小行星——哈瑟，将于2086年以80万千米的距离与地球近遇，其他6次都大于这个距离。这些小行星是：4179号陶塔蒂斯、1989FC、1989μρ、3200

号法厄同、1989 FC和1989 μ ρ 。后3颗小行星在20世纪都同地球有过近距离相遇的记录。4179号陶塔蒂斯在1992年12月8日曾与地球以360万千米之遥相遇，在21世纪有两次以小于300万千米的距离与地球近遇，2004年离地球只有160万千米。3200号法厄同是阿波罗型小行星中现在已知道近日距离最小的一颗，离太阳最近距离只有2100万千米，它在2093年才与地球以300万千米的距离近遇。当然还可能发现一些新的阿莫尔型小行星、阿波罗型小行星、阿登型小行星（简称AAA小行星）会在21世纪与地球以相当近的距离相遇。

① 阿波罗型小行星

阿波罗型小行星是以小行星1862号的名字"阿波罗"命名的，体积都很小、直径400～8000米，是近地小行星的子类之一。轨道近日距约小于一个天文单位，因此可深入到金星甚至水星轨道以内。从20世纪30年代至今已发现约30颗。

② 阿莫尔型小行星

阿莫尔型小行星是以小行星1221号的名字"阿莫尔"命名的，是近地小行星的子类之一。现时已知的小行星中，有超过1200颗属于阿莫尔型。截至2006年1月19日，有201颗拥有永久编号，60多颗拥有正式名称。

③ 阿登型小行星

阿登型小行星是以第一颗被发现的成员"阿登"小行星来命名的，是近地小行星的子类之一。对地球威胁最高的阿登型成员，是于2004年发现的小行星99942，该天体有可能于2036年撞地球，酿成灾难。

55 太空监测网

　　小行星曾数次距离地球那么近，这个事实提醒人们对预防小行星撞击地球，也不能掉以轻心。于是美国和澳大利亚等国，想筹建一个由6架18米口径的望远镜组成的"太空监视"网，并将其分布在世界各地，系统地搜索和跟踪对地球有威胁的近地小行星的运行情况，以便及早发现它们对地球的威胁，从而采取有效措施。国际天文学联合会也成立了一个"近地天然天体工作组"协调全球性的近地小行星、近地彗星的搜索监视和研究。近地小行星的研究不仅为天文学所重视，也为其他学科和社会所关注。

　　太空监测网计划是1980年成立的。1982年，基特峰天文台的90厘米牛顿式望远镜加入了太空监测网计划，并于次年使用320×512的CCD进行近地搜索。1990年，太空监测网发现了第一个天体1990 SS。1993年，太空监测网发现了有史以来最小的小行星1993 KA2。1994年，发现了1994 XM1，距离地球最近时只有10.5万千米，其成为有史以来距离地球最近的小行星。1995年，发现的1995 CR，是距离太阳最近的小行星。

① CCD

CCD是于1969年由美国贝尔实验室的维拉·波义耳和乔治·史密

斯所发明的。CCD中文全称为电荷耦合元件，可以称为CCD图像传感器。CCD是一种半导体器件，广泛应用在数码摄影、天文学，尤其是光学遥测技术、光学与频谱望远镜等方面。

▲ 射电天文望远镜

② 牛顿式望远镜

牛顿式望远镜是在反射望远镜主镜的焦点前放置一块与光轴倾斜为45°的平面镜，将焦面引出到镜筒一侧便于进行观测的一种反射望远镜。这种反射望远镜将物体放大的倍数比透镜高出数倍。它是英国数学家、物理学家牛顿于1670年制成的。

③ 施密特望远镜

施密特望远镜因发明者而得名，是由一块凹球面镜和一块置于球面镜曲率中心处的薄板状非球面改正透镜所组成的一种折反射望远镜。由于其光力强，可见范围大，成像的质量也比较好，因而特别适用于进行流星、彗星、人造卫星等的巡视观测，也常用于大面积成像和天文科普活动。

56 来自太阳的威胁

能给地球带来威胁的除了小行星，还有太阳。这个威胁体现在伽马射线、太阳风暴等方面。

科学家们最近发现，伽马射线辐射来自遥远的河外星系，其能量深不可测，可能是两个恒星崩溃重新组合造成的。在这一巨变发生之前，是无法探测到其后果的。一旦发生，射线会使大气层变热，产生氮氧化物，破坏臭氧层。宇宙射线对宇宙飞船、人造卫星以及地球环境带来的危害不乏其例：1989年，美国的"太克斯"号卫星受"高能粒子雨"的阻碍和破坏，每天下坠约0.8千米，最后进入大气层被烧毁；1990年3月，飞往金星的"麦哲伦"号宇宙飞船上的太阳能电池板急剧老化，失去能量，与地面通话联络一度中断。

太阳风暴指太阳在黑

▲ 卫星通信车模型

子活动高峰阶段产生的剧烈爆发活动。从1998年年初开始，太阳进入约每11年出现一次的磁力场变化周期。这段时间，微粒子与辐射有可能以每小时100千米的速度向地球袭来，其对地球的威胁是科学家们难以预料的。例如1989年10月19日，太阳系发生了一次特大的质子大爆发，使200多颗人造卫星同时出现不同程度的故障；1991年3月31日，太阳黑子的爆发，导致中国一些地区的短波通讯中断。

除此之外，黑洞对于我们来说，无疑是另一大威胁。

① 臭氧

臭氧和氧气是同胞兄弟，都是氧元素的同素异形体。臭氧是一种浅蓝色、微具腥臭味的气体，温度在-119℃时，臭氧液化成深蓝色的液体，温度为-192.7℃时，臭氧固化为深紫色晶体。臭氧具有不稳定性和强烈的氧化性，随着温度的升高，臭氧分子的不稳定性增加，分解加速。

② 宇宙射线

宇宙射线又称宇宙线，指的是来自于宇宙中的一种具有相当大能量的带电粒子流。1912年，德国科学家带着电离室在乘气球升空测定空气电离度的实验中，发现电离室内的电流随海拔升高而变大，从而认定电流是由来自地球以外的一种穿透性非常强的射线所产生的，于是有人称之为宇宙射线。

③ 黑洞

黑洞是一种引力极强的天体，就连光也不能逃脱。由于黑洞中的光无法逃逸，所以我们无法直接观测到黑洞。说它"黑"，是指它就像宇宙中的无底洞，任何物质一旦掉进去，似乎就再也不能逃出。2011年12月，天文学家首次观测到黑洞"捕捉"星云的过程。

57 神秘的黑洞

黑洞的形成过程与中子星相似，当一个恒星没有足够的力量支撑起它巨大的外壳时，它的核心会在重力的作用下坍塌、收缩并伴随有强力的爆炸，包裹核心的物质会以不可阻挡之势向中心会聚，直到最后形成一个体积无限小，但密度无限大的星体，由于它的半径已收缩到一定程度，所产生的时空扭曲就使得光也无法向外射出，于是便形成了"黑洞"。我们称它为黑洞，是因为它就如同宇宙中的一个无底洞，任何物质一旦靠近被吸入，就再也无法逃出。

黑洞如同会隐身术一样，人们无法直接观察到它，这正是黑洞的特殊之处。到目前为止，科学家只能对黑洞内部的结构提出各种猜想而已。黑洞能够将自己隐藏起来的原因是弯曲了的时空。在经过大密度的天体时，时空就会弯曲，光也会随着偏离方向。于是，在密度很大的黑洞周围，时空的这种弯曲变化非常大。这样被黑洞挡住的恒星所发出的光，即使一部分消失在黑洞中，仍有另一部分光会弯曲绕过黑洞而被我们观察到。因此，这样看来，黑洞就像隐身了一样，并没有挡住后面的物体。

① 中子星

中子星是恒星演化到末期，经由重力崩溃发生超新星爆炸之后，可能成为的少数终点之一，它的质量还没有达到可以形成黑洞的级别，但其密度已比地球上任何物质都大。

② 隐身术

隐身术是一种使身体隐形从而看不见的幻术，除了一些障眼法外，现代科学基本已可以做到这一点。科学家称，只要制造出性能合适的材料，这种材料能引着被物体阻挡的光波"绕着走"，那么光线就似乎没有受到任何阻挡。在观察者看来，物体就似乎变得"不存在"了，也就实现了视觉隐身。

③ 吞噬恒星

2011年8月，黑洞吞噬恒星的过程首次被天文学家抓拍到。这一被认为是目前宇宙最震撼、最神秘的情景，展示了黑洞如魔鬼一般，将一颗接近它的恒星瞬间撕碎，使其消失的过程。据报道，照片中的黑洞距地球40亿光年。

▲ 天文台

58 白洞

　　白洞又称白道，是一种与黑洞相反的特殊天体，不过它是物理学家们在爱因斯坦的广义相对论上根据黑洞所提出的"假想"物体，或者说是一种数学模型。到目前为止，还没有任何证据可以证明白洞的存在，它仅仅是理论预言的天体。

　　白洞学说主要用来解释一些高能天体现象。白洞与黑洞一样具有一个封闭的边界，但白洞并不吸收外界的物质，而是不断地向外喷射各种宇宙能量和星际物质，可将其视为宇宙中的喷射源。白洞的外部引力性质与黑洞相同，可以将其周围的物质吸引到边界上而形成物质

▲ 航空航天科技

层，但白洞不会吸收任何物体。相反的，白洞会不断释放出物质，包括场和基本粒子。

理论物理学家们认为，白洞极其强大的斥力，致使它不可能带有任何电荷，也不可能产生旋转。这么看来白洞只可能是一种想象的产物。白洞不断向外喷射物质而不吸收任何物质，那么，无论质量多大的白洞，都会很快地被喷射殆尽。不过，物理学家们也提出了几个白洞可以存在的想法。有人认为，白洞与黑洞通过虫洞连接，黑洞只进不出，白洞只出不进，白洞所喷出的就是黑洞所吸入的物质，这样就可以解释为何白洞不会因为喷射而消失。

① 星际物质

星际物质就是那些存在于恒星之间的各种物质的总称，包括星际气体、星际尘埃和各种各样的星际云，还可包括星际磁场和宇宙线。星际物质的总质量约占银河系总质量的1%，且在银河系中分布不均匀。

② 基本粒子

基本粒子是指人们认知的构成物质的最基本的单位，是组成各种各样物体的基础。基本粒子要比原子、分子小得多，现有的最高倍的电子显微镜也不能观察到。基本粒子具有复杂的结构，根据作用力的不同，粒子可分为强子、轻子和传播子三大类。

③ 爱因斯坦

爱因斯坦是世界十大杰出物理学家之一，现代物理学的开创者、集大成者和奠基人，同时也是一位著名的思想家和哲学家。他创立的相对论为核能开发奠定了理论基础，开创了现代科学的新纪元。

59 人造卫星

宇宙中围绕行星在轨道上运行的天体就是卫星，围绕的是哪一颗行星，就叫作那一颗行星的卫星。人造卫星就是人工制造的卫星，它被火箭发射到预定的轨道，并围绕着地球或是其他行星运转，以便于科学家们对星球及宇宙进行探测和研究。苏联于1957年10月4日发射了第一颗人造地球卫星。中国的第一颗人造卫星"东方红—1"号则于1970年4月24日发射升空。

发射数量约占发射总数90%以上的航天器就是人造卫星，它是发展最快、用途最广、发射数量最多的航天器。由于地球的引力作用，抛出的物体会落回地面，不过，抛出时的速度越大，物体飞出的距离就越远。如果在没有空气阻力的情况下，当航天器飞行的速度足够大时，

▲ 返回式遥感卫星

就将永远不会落回地面，并将围绕着地球旋转，成为一颗绕地球运行的人造地球卫星。

按照运行轨道不同，人造卫星可分为低轨道卫星、中高轨道卫星、各种人造地球同步卫星、地球静止卫星、太阳同步卫星、大椭圆轨道卫星和极轨道卫星；按照用途则可分为导航卫星、气象卫星、通信卫星、截击卫星、测地卫星、侦察卫星等。

① 第一颗人造卫星

世界上第一颗绕地球运行的人造卫星是苏联于1957年10月4日送入轨道的。苏联宣布说，这颗卫星的球体直径为55厘米，绕地球一周需要1小时35分，距地面的最大高度为900千米，用两个频道连续发送信号。

② "东方红—1"号

"东方红—1"号卫星是由以钱学森为首任院长的中国空间技术研究院研制的中国第一颗人造卫星，它于1970年4月24日被发射升空。中国是继苏联、美国、法国、日本之后，世界上第五个用自制火箭发射国产卫星的国家。

③ 人造卫星工程系统

人造卫星能够成功执行预定任务，单凭卫星本身是不行的，而需要完整的卫星工程系统，一般由发射场系统、运载火箭系统、卫星系统、测控系统、卫星应用系统、回收区系统（限于返回式卫星）组成。

60 卫星导航

卫星导航是利用导航卫星发射的无线电信号，求出载体相对卫星的位置，再根据已知的卫星相对地面的位置，计算并确定载体在地球上的位置的技术。它综合了传统的导航系统的优点，真正实现了在各种天气条件下的全球高精度被动式导航定位。虽然用人造天体来导航的这个设想早在19世纪后半期就有人曾提出，但直到20世纪60年代才真正实现。卫星导航系统先于1964年被美国海军所利用，到1967年才开始民用。

卫星导航系统由导航卫星、地面台站和用户定位设备三个部分组成。

由导航卫星构成的空间导航网是卫星导航系统的空间部分。地面台站包括计算中心、遥测站、跟踪站、注入站及时间统一系统等部分，其主要功能就是跟踪、测量和预报卫星轨道，并对卫星上设备的工作进行控制管理。用户定位设备由接收机、定时器、数据预处理器、计算机和显示器等组成。其是从接收到的卫星发来的信号中解译出定时信息和卫星轨道参数等，并测出距离、距离差和距离变化率等导航参数，再通过计算机算出用户的速度矢量分量和位置坐标。

① 计算机

计算机全称电子计算机，是一种能够按照程序运行，自动、高速处理海量数据的现代化智能电子设备。常见的形式有台式计算机、笔记本计算机、大型计算机等。较先进的计算机有生物计算机、光子计算机、量子计算机等。

▲ 卫星信号接收站

② 坐标

坐标是用来确定位置关系的数据值集合，分为绝对坐标、相对坐标、相对极坐标。其中较为常用、较容易理解的是绝对坐标：是以点O为原点和参考点，来定位平面内某一点的具体位置，表示方法为：A（X，Y）。

③ 矢量

矢量是既有大小又有方向的量。一般来说，在物理学中称作矢量，在数学中称作向量。直观上，矢量通常被标示为一个带箭头的线段。线段的长度可以表示矢量的大小，而矢量的方向也就是箭头所指的方向。